金属冲压成形仿真及应用

—— 基于DYNAFORM

龚红英　孙后青　王斌　著

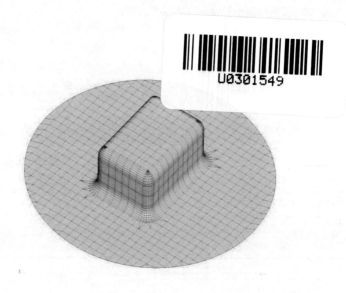

化学工业出版社

·北京·

内容简介

本书以板料冲压成形过程的有限元分析软件 DYNAFORM 6.0 为平台，通过对软件基本功能的介绍，配以在汽车及家电制造领域的典型应用实例，由浅入深，对金属冲压成形从模型建立、网格划分、前处理、计算求解到后处理等过程进行详细介绍，不仅分析了实际零件的冲压成形过程、成形工艺步骤及如何进行工艺参数优化等工艺方案确定的方法，还对出现的成形缺陷提出改进措施。书中所介绍的板料冲压成形模拟实例均是作者多年研究成果的总结，以引导读者全面掌握并可以应用 DYNAFORM 6.0 软件解决板料冲压成形过程中的实际问题。

本书可作为各大院校的专科、本科以及硕士研究生等材料科学与工程专业、机械设计等相关专业的教材或参考教材，也可作为从事板料冲压成形方向 CAE 分析的工程技术人员学习 DYNAFORM 6.0 软件的教程。

图书在版编目（CIP）数据

金属冲压成形仿真及应用：基于 DYNAFORM/龚红英，孙后青，王斌著. —北京：化学工业出版社，2021.12
ISBN 978-7-122-39997-7

Ⅰ.①金… Ⅱ.①龚… ②孙… ③王… Ⅲ.①冲压-生产工艺 Ⅳ.①TG38

中国版本图书馆 CIP 数据核字（2021）第 200531 号

责任编辑：刘丽宏
文字编辑：蔡晓雅　师明远
责任校对：田睿涵
装帧设计：王晓宇

出版发行：化学工业出版社（北京市东城区青年湖南街 13 号　邮政编码 100011）
印　　装：三河市延风印装有限公司
787mm×1092mm　1/16　印张 16¼　字数 395 千字　2021 年 12 月北京第 1 版第 1 次印刷

购书咨询：010-64518888　　　　　　　　售后服务：010-64518899
网　　址：http://www.cip.com.cn
凡购买本书，如有缺损质量问题，本社销售中心负责调换。

定　　价：78.00 元

随着我国汽车、航天、航空、模具、电子电器等工业的迅速发展，制造企业和相关研究部门的技术人员对板料冲压成形工艺分析研究以及采用先进板料冲压成形 CAE 分析技术进行具体零件成形分析研究的需求与日俱增，本书是著者多年从事相关科研及实际生产经验的技术总结，是多年教研工作成果的汇报。本书是将先进冲压专业分析软件——DYNAFORM 6.0 软件应用到实际零件生产环节中的一本软件实操培训和课程教学用书。

本著作涉及的主要内容分为两大部分：①对金属板料冲压成形仿真基本理论及关键技术进行了理论阐述，并对金属板料冲压成形 CAE 分析专业软件——DYNAFORM 6.0 软件的基本特点及主要功能等进行详细阐述；②应用 DYNAFORM 6.0 软件，对实际冲压零件的成形工艺 CAE 分析全过程进行了翔实阐述。第二部分内容涉及采用 DYNAFORM 6.0 软件进行典型冲压成形零件的模拟分析步骤及主要工艺参数优化等两部分，选取了 8 个典型冲压成形实例，以 DYNAFORM 6.0 软件为平台，介绍具体冲压成形 CAE 分析操作步骤及工艺设置，对如何进行工艺参数优化等全过程进行了较为透彻的分析与研究。

本著作涉及的实例均为上海工程技术大学龚红英教授及其科研团队，与凌云工业股份有限公司孙后青高工和 ETA-CHINA 上海分公司王斌经理通力合作而成。在此特别感谢 ETA-CHINA 上海分公司积极促成了本著作相关实例涉及的合作研究，并对本著作的出版给予了大力支持。同时还要感谢上海工程技术大学材料工程学院塑性成形教研团队董万鹏、徐培全及李九霄等老师们对本著作撰写给予的支持和帮助，科研团队成员赵小云、施为钟、周志伟、贾星鹏、嵇友迪、申晨彤、刘尚保、尤晋等研究生积极参与并协助笔者完成了相关章节实例模拟试验调试、工艺参数优化及著作文稿修改等大量工作，正是由于著作撰写团队成员们的共同努力，才使得著者能顺利完成此著作的整个撰写工作，在此对所有为此著作撰写付出心血和汗水的参与人员表示衷心感谢！

本书为著者的科研成果结晶，可作为国内各大院校的专科、本科以及硕士研究生等材料科学与工程、机械设计与工程等相关专业的专业课程教材或参考教材，还可作为从事板料冲压成形方向 CAE 分析的工程技术人员学习和培训 DYNAFORM 6.0 软件的教程。

本书涉及的全部模拟分析实例模型及参考资料，读者可通过以下方式与著者进行具体交流：ETA 公司官方邮箱 dynaform@eta.com.cn；或 QQ 交流群：QQ 群号 585307899。

由于著者水平有限，书中难免有不足之处，欢迎读者批评指正。

龚红英

2021 年 3 月

目录

DYNAFORM

第8章 车用厚板梁冲压成形仿真试验及优化 186

第9章 电机盖板件多工序冲压成形仿真试验及分析 216

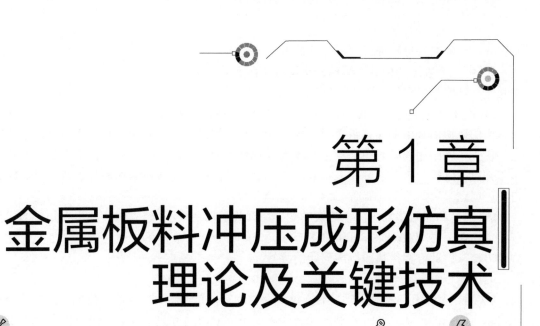

第1章
金属板料冲压成形仿真理论及关键技术

1.1 金属板料冲压成形仿真基本理论

金属板料冲压成形广泛地应用于航空航天、汽车、轻工业等领域，由于板料在成形过程中经受较大的塑性变形，加工过程不当或模具形状不适，板材往往会产生各种各样的成形缺陷（如起皱、破裂），为避免这些成形缺陷的出现，就要修改成形工艺的某些参数或修改模具形状。传统模具设计和工艺已不适应现代工业的要求。金属冲压成形是一个具有大挠度、大变形的复杂塑性成形过程，涉及金属在各种复杂应力状态下的塑性流动、塑性强化等问题，在实际成形过程中还会产生破裂、起皱和回弹等成形缺陷，因此单凭经验很难准确预测板料冲压成形性能，致使模具设计正确性也很难加以评估。

随着计算机技术和数值计算方法的发展，基于有限元方法的冲压成形过程数值模拟技术为模具的研制和成形过程的优化提供了一个强有力的工具。通过对金属冲压成形过程进行数值模拟试验分析，设计人员可在计算机上观察设计参数对成形过程的影响，全面了解板料在变形过程中的应力应变分布，预测成形缺陷的出现，并可方便地调整设计参数直至得到满意的成形制件，从而可以缩短零件的开发成本和周期，增强产品的竞争力。为了准确把握金属冲压成形性能，对实际金属冲压零件的成形过程有充分的认识，在现代金属冲压成形生产中，利用先进计算机仿真分析技术对具体冲压零件的成形过程进行数值模拟分析，可以及早发现问题，改进模具设计，从而大大缩短调模试模周期，降低制模成本。正因为如此，金属冲压成形仿真理论及技术研究，在近几十年中，一直是冲压成形领域的研究热点之一。

1.1.1 有限元计算的要点和特点

在工程或物理问题的数学模型（基本变量、基本方程、求解域和边界条件等）确定以后，有限元法作为对其进行分析的数值计算方法，要点如下：

① 将一个表示结构或连续体的求解域离散为若干个子域（单元），并通过它们边界上的点相互联结成为组合体。

② 用每个单元内所假设的近似函数来分片地表示全求解域内待求的未知场变量。而每个单元内的近似函数由未知场函数或其导数在单元各结点上的数值和与其对应的插值函数来表达。由于在联结相邻单元的结点上，场函数具有相同的数值，因而将它们用作数值求解的基本未知量。这样一来，求解原来待求场的无穷多自由度问题转换为求解场函数结点值的有限自由度问题。

③ 通过和原问题数学模型等效的变分原理或加权余量法，建立求解基本未知量的代数方程组或常微分方程组。此方程组称为有限元求解方程，并表示为规范化的矩阵形式。然后用数值方法求解此方程，从而得出问题的解答。

有限元计算有以下特征：

① 对于复杂几何构型的适应性。单元在空间可以是一维、二维或三维的，而且每一种单元可以有不同的形状，同时各种单元之间采用不同的联结方式。那么有限元模型可以用来表示工程中实际遇到的十分复杂的结构或构造的离散。

② 对于多种物理问题的广泛应用性。使用单元内近似函数分片地表示全求解域的未知场函数，并未限制场函数所满足的方程形式，也未限制各单元所对应的方程必须是相同的形式。有限元法是根据线弹性的应力问题提出的，但是很快就推广到弹塑性问题、黏弹性问题、动力问题、屈服问题等，并且进一步应用于流体力学问题、热传导问题。有限元法的另一优点是可以对不同物理现象相互耦合的问题进行有效的分析。

③ 结合计算机使用具有一定的高效性。有限元分析的各个步骤可以表达成规范化的矩阵形式，求解方程可以统一为标准的矩阵代数问题，适合于计算机的编程和运行。

④ 理论基础上具有严格的可靠性。用于建立有限元方程的变分原理或加权余量法在数学上被证明是微分方程和边界条件的等效积分形式。如果单元是满足收敛准则的，则近似解最后收敛于原数学模型的精确解。

1.1.2　有限元计算与冲压成形仿真

金属冲压成形是加工金属板（带）料零件的基本工艺之一，具有高效、零件性能好、节约材料等优点，被广泛应用于航空航天、汽车、家电等领域。从力学角度考虑，冲压成形是一个同时包含几何非线性、材料非线性、接触和摩擦不断变化的复杂力学过程，这使得在冲压成形的过程中，材料的塑性变形规律、模具和工件之间的摩擦现象、材料微观组织的变化及其对制件质量的影响等，都是十分复杂的问题。有限元法是应用很广的一种数值计算方法，已经成为当前冲压成形模拟的主要方法，并且取得了很大的进展。

有限元法，可分为有限元模型前置处理、有限元分析和有限元后置处理。运用有限元方法进行计算机模拟冲压成形过程时，对实体进行离散，构造具有良好拓扑关系的网格，是能够进行成功模拟的前提。因此有限元前置处理在有限元的应用中起着非常重要的作用。

板料冲压成形过程是一个大挠度、大变形的塑性变形过程，涉及板料在不同塑性成形工序中复杂的应力应变状态，会产生塑性流动、塑性变形，与此同时也会引起起皱、破裂及回弹等成形缺陷问题，同时板料冲压成形过程也是一个非常复杂的多体接触的动态力学分析问题。目前主要的分析方法有以下几种：

① 试验方法。即采用基于相似理论的物理模拟方法进行物理试验，从而得到冲压成形过程中金属流动的一般规律。

② 理论分析法。理论方法基于金属成形及塑性力学理论，建立成形对象的力学模型，求其内部应力及应变分布。但是由于采用了大量的简化和假设，在实际中用于较复杂的产品形状及成形条件时，就有很大的局限性。

③ 数值计算方法。数值计算方法是应用数值分析方法对变形体中质点的流动规律和应力应变分布状态进行定量描述，能进行复杂的成形过程分析，获得冲压成形过程中的应力应变、温度分布和成形缺陷等详尽的数值解。该方法容易求解，计算很快，一般用在确定拉深件毛坯的外形。

金属板料冲压成形仿真分析技术现已进入实际应用阶段，许多较成熟的商业化软件得到广泛应用，如：AUTOFORM、LS-DYNA3D、FORMSYS、PAM-STAMP、ROBUST 以及 ETA/DYNAFORM 等。典型的板料冲压成形仿真分析系统，如图 1-1 所示。

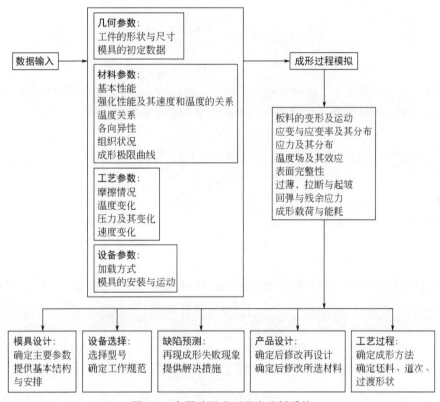

图 1-1　金属冲压成形仿真分析系统

1.1.3　有限变形的应变张量

考虑一个在固定笛卡儿坐标系内的物体，在某种外力的作用下连续地改变其位形，如图 1-2 所示。用 $^0x_i(i=1,2,3)$ 表示物体处于 0 时刻位形内任一点 P 的坐标，用 $^0x_i + \mathrm{d}^0x_i$ 表示和 P 点相邻的 Q 点在 0 时刻位形内的坐标。由于外力作用，在以后的某个时刻 t 物体运动并变形到新的位形，用^tx_i和$^tx_i+\mathrm{d}^tx_i$分别表示P和Q点在t时刻位形内的坐标，可以将物体位形变化看作是从^0x_i到^tx_i时的一种数学上的变换。对于某一固定的时刻t，这种变换可以表示为式（1-1）：

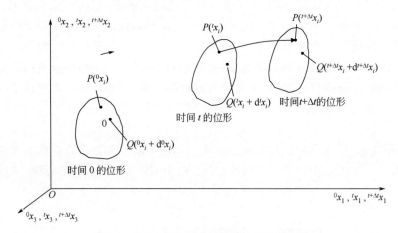

图 1-2　笛卡儿坐标系内物体的运动和变形

$$^tx_i = {}^tx_i\left({}^0x_1, {}^0x_2, {}^0x_3\right) \tag{1-1}$$

根据变形的连续性要求，这种变换必须是一一对应的，也即变换应是单值连续的，因此，上述变换应有唯一的逆变换，即存在下列单值连续的逆变换，如式（1-2）所示：

$$^0x_i = {}^0x_i({}^tx_1, {}^tx_2, {}^tx_3) \tag{1-2}$$

利用上面变换，可以将d^0x_i和d^tx_i表示成式（1-3）和式（1-4）：

$$\mathrm{d}^0x_i = \left(\frac{\partial {}^0x_i}{\partial {}^tx_j}\right)\mathrm{d}^tx_j \tag{1-3}$$

$$\mathrm{d}^tx_i = \left(\frac{\partial {}^tx_i}{\partial {}^0x_j}\right)\mathrm{d}^0x_j \tag{1-4}$$

将P、Q两点之间在时刻 0 和时刻t的距离d^0s和d^ts表示为式（1-5）和式（1-6）：

$$\left(\mathrm{d}^0s\right)^2 = \mathrm{d}^0x_i\mathrm{d}^0x_i = \left(\frac{\partial {}^0x_i}{\partial {}^tx_m}\right)\times\left(\frac{\partial {}^0x_i}{\partial {}^tx_n}\right)\mathrm{d}^tx_m\mathrm{d}^tx_n \tag{1-5}$$

$$\left(\mathrm{d}^ts\right)^2 = \mathrm{d}^tx_i\mathrm{d}^tx_i = \left(\frac{\partial {}^tx_i}{\partial {}^0x_m}\right)\times\left(\frac{\partial {}^tx_i}{\partial {}^0x_n}\right)\mathrm{d}^0x_m\mathrm{d}^0x_n \tag{1-6}$$

变形前后该线段长度的变化，即为变形的度量，可有两种表示，即：

$$\left(\mathrm{d}^ts\right)^2 - \left(\mathrm{d}^0s\right)^2 = \left(\frac{\partial {}^tx_k}{\partial {}^0x_i}\times\frac{\partial {}^tx_k}{\partial {}^0x_j} - \delta_{ij}\right)\mathrm{d}^0x_i\mathrm{d}^0x_j = 2\,{}^tE_{ij}\mathrm{d}^0x_i\mathrm{d}^0x_j \tag{1-7}$$

$$\left(\mathrm{d}^ts\right)^2 - \left(\mathrm{d}^0s\right)^2 = \left(\delta_{ij} - \frac{\partial {}^0x_k}{\partial {}^tx_i}\times\frac{\partial {}^0x_k}{\partial {}^tx_j}\right)\mathrm{d}^tx_i\mathrm{d}^tx_j = 2\,{}^te_{ij}\mathrm{d}^tx_i\mathrm{d}^tx_j \tag{1-8}$$

这样就定义了两种应变张量，如式（1-9）和式（1-10）所示：

$$'E_{ij} = \frac{1}{2}\left(\frac{\partial {}^t x_k}{\partial {}^0 x_i} \times \frac{\partial {}^t x_k}{\partial {}^0 x_j} - \delta_{ij}\right) \tag{1-9}$$

$$'e_{ij} = \frac{1}{2}\left(\delta_{ij} - \frac{\partial {}^0 x_k}{\partial {}^t x_i} \times \frac{\partial {}^0 x_k}{\partial {}^t x_j}\right) \tag{1-10}$$

其中：$\delta_{ij} = \begin{cases} 0 & i \neq j \\ 1 & i = j \end{cases}$ 。

$'E_{ij}$ 是 Lagrange 体系的 Green 应变张量，它是用变形前坐标表示的，是 Lagrange 坐标的函数。$'e_{ij}$ 是 Euler 体系的 Almansi 应变张量，是用变形后坐标表示的，它是 Euler 坐标的函数。

为了得到应变和位移的关系方程，引入位移场，如式（1-11）所示：

$$'u_i = {}^t x_i - {}^0 x_i \tag{1-11}$$

$'u_i$ 表示物体中一点从变形前（时刻 0）位形到变形后（时刻 t）位形的位移，它可以表示为 Lagrange 坐标的函数，也可表示为 Euler 坐标的函数，从式（1-11）可得：

$$\frac{\partial {}^t x_i}{\partial {}^0 x_j} = \delta_{ij} + \frac{\partial {}^t u_i}{\partial {}^0 x_j} \tag{1-12}$$

$$\frac{\partial {}^0 x_i}{\partial {}^t x_j} = \delta_{ij} - \frac{\partial {}^t u_i}{\partial {}^t x_j} \tag{1-13}$$

将它们分别代入式（1-9）和式（1-10），可得式（1-14）和式（1-15）：

$$'E_{ij} = \frac{1}{2}\left(\frac{\partial {}^t u_i}{\partial {}^0 x_j} + \frac{\partial {}^t u_j}{\partial {}^0 x_i} + \frac{\partial {}^t u_k}{\partial {}^0 x_i} \times \frac{\partial {}^t u_k}{\partial {}^0 x_j}\right) \tag{1-14}$$

$$'e_{ij} = \frac{1}{2}\left(\frac{\partial {}^t u_i}{\partial {}^t x_j} + \frac{\partial {}^t u_i}{\partial {}^t x_i} - \frac{\partial {}^t u_k}{\partial {}^t x_j} \times \frac{\partial {}^t u_k}{\partial {}^t x_i}\right) \tag{1-15}$$

当位移很小时，上两式中位移导数的二次项相对于它的一次项可以忽略，这时 Green 应变张量 E_{ij} 和 Almansi 应变张量 e_{ij} 都简化为无限小应变张量 ε_{ij}，它们之间的差别消失，即如式（1-16）所示：

$$E_{ij} = e_{ij} = \varepsilon_{ij} \tag{1-16}$$

由于 Green 应变张量是参考于时间 0 的位形，而此位形的坐标 ${}^0 x_i (i = 1, 2, 3)$ 是固结于材料的坐标，当物体发生刚体转动时，微线段的长度 $\mathrm{d}s$ 不变，同时 $\mathrm{d}{}^0 x_i$ 也不变，因此联系 $\mathrm{d}s$ 变化和 $\mathrm{d}{}^0 x_i$ 的 Green 应变张量的各个分量也不变。在连续介质力学中称这种不随刚体转动的对称张量为客观张量。

1.1.4 有限变形的应力张量

为了能对大变形进行分析，就必须要将应力和应变联系，当定义和有限应变相对应的应力时，也必须参照相同的坐标。

图 1-3 表示一个微元体变形前后作用在一个侧面上力的情况，左边微元体为变形前的状态，考察其一个侧面 ${}^0 P {}^0 Q {}^0 R {}^0 S$，该面法向的方向余弦为 ${}^0 v_i$，其面积为 $\mathrm{d}{}^0 s$，右边为变形后

微体，侧面 $^0P^0Q^0R^0S$ 变为 $^tP^tQ^tR^tS$，其单位方面矢量为 ^tv_i，其面积为 d^ts。如果研究应力时参照变形后的当前坐标系，则作用在 $^tP^tQ^tR^tS$ 面上的力 d^tT（其分量是 d^tT_i），如式（1-17）所示：

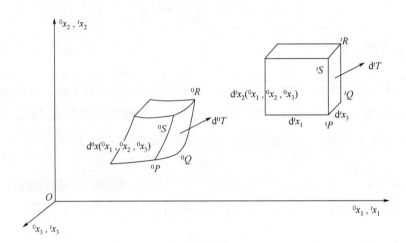

图 1-3　微元体变形前后的作用力

$$\mathrm{d}^tT_i = {}^t\sigma_{ij}\,{}^tv_j\,\mathrm{d}^ts \qquad (1\text{-}17)$$

这种用 Euler 体系定义的应力称为 Cauchy 应力（$^t\sigma_{ij}$），此应力张量有明确的物理意义，代表真实的应力。同样对 d^tT_i，也即变形后 $^tP^tQ^tR^tS$ 面上的力系采用 Lagrange 体系，用变形前坐标定义应力，如式（1-18）所示：

$$\mathrm{d}^tT_i = {}^tT_{ij}\,{}^0v_j\,{}^0\mathrm{d}s \qquad (1\text{-}18)$$

这样定义的应力称为 Lagrange 应力，也称为第一皮阿拉-克希霍夫应力（First Piola-Kirchhoff Stress）。Lagrange 应力不是对称的，不便于数学计算，因此将 Lagrange 应力前乘以变形梯度 $\dfrac{\partial^0x_i}{\partial^tx_k}$，得式（1-19）如下：

$$\frac{\partial^0x_i}{\partial^tx_k}\mathrm{d}^tT_k = {}^tS_{ij}\,{}^0v_j\,{}^0\mathrm{d}s = \frac{\partial^0x_i}{\partial^tx_k}\,{}^tT_{jk}\,{}^0v_j\,{}^0\mathrm{d}s \qquad (1\text{-}19)$$

这样定义的应力称为 Kirchhoff 应力，或称为第二皮阿拉-克希霍夫应力（Second Piola-Kirchhoff Stress）。

Kirchhoff 应力无实际物理意义，但是它与 Green 应变相乘构成真实的变形能。Cauchy 应力是真实的精确应力，因为它考虑了物体的变形，也即力 $\mathrm{d}T$ 的真实作用面积，显然比起工程应力（未考虑物体变形）要准确。同样 Cauchy 应力与 Almansi 应变相乘构成真实应变能，这种关系称为共轭关系。

根据 $^tv_j\mathrm{d}^ts$ 和 $^0v_j{}^0\mathrm{d}s$ 之间的关系，可以导出 $^t\sigma_{ij}$、$^tT_{ij}$ 和 $^tS_{ij}$ 之间的关系如式（1-20）和式（1-21）所示：

$$^tT_{ij} = \frac{^0\rho}{^t\rho} \times \frac{\partial^0x_i}{\partial^tx_m}\,{}^t\sigma_{mj} \qquad (1\text{-}20)$$

金属冲压成形仿真及应用
——基于 DYNAFORM

$$'S_{ij} = \frac{^0\rho}{^t\rho} \times \frac{\partial\,^0x_i}{\partial\,^tx_l} \times \frac{\partial\,^0x_j}{\partial\,^tx_m}\,{}^t\sigma_{lm} \qquad (1\text{-}21)$$

式中，$^0\rho$ 和 $^t\rho$ 分别是变形前后微体的材料密度。

由于 Cauchy 应力张量 $^t\sigma_{ij}$ 是对称的，由式（1-20）可知，Lagrange 应力张量 $^tT_{ij}$ 是非对称的。而 Kirchhoff 应力张量 $^tS_{ij}$ 是对称的。故在定义应力应变关系时通常不采用 Lagrange 应力，而采用对称的 Kirchhoff 应力和 Cauchy 应力，因为应变张量总是对称的。另外，Kirchhoff 应力张量 $^tS_{ij}$ 具有和 Green 应变张量类似的性质，物体发生刚体转动时各个分量保持不变。

1.1.5　几何非线性有限元方程的建立

（1）根据静力分析方法建立几何非线性有限元方程　在涉及几何非线性问题的有限元法中，通常都采用增量分析的方法，考虑一个在笛卡儿坐标系内运动的物体（见图 1-2 所示），增量分析的目的是确定此物体在一系列离散的时间点 0，Δt，$2\Delta t\cdots$ 处于平衡状态的位移、速度、应变、应力等运动学和静力学参量。假定问题在时间 0 到 t 的所有时间点的解答已经求得，下一步需要求解时间为 $t+\Delta t$ 时刻的各个未知量。

在 $t+\Delta t$ 时刻的虚功原理可以用 Cauchy 应力和 Almansi 应变表示，如式（1-22）所示：

$$\int_{t+\Delta t_V} {}^{t+\Delta t}\sigma_{ij}\delta^{t+\Delta t}e_{ij}\mathrm{d}v = \int_{t+\Delta t_V} {}^{t+\Delta t}F_k\delta u_k\mathrm{d}v + \int_{t+\Delta t_{S_T}} {}^{t+\Delta t}T_k\delta u_k\mathrm{d}s \qquad (1\text{-}22)$$

上式是参照 $t+\Delta t$ 时刻位形建立的，由于 $t+\Delta t$ 时刻位形是未知的，如果直接求解，在向平衡位形逼近的每一步迭代中，都要更新参照体系，导致了计算量的增加。方便起见，所有变量应参考一个已经求得的平衡构形。理论上，时间 0，Δt，$2\Delta t$，$\cdots$，t 等任一时刻已经求得的位形都可作为参考位形，但在实际分析中，一般只做以下两种可能的选择：

① 全 Lagrange 格式（Total Lagrange Formulation，简称 T. L. 格式），这种格式中所有变量以时刻 0 的位形作为参考位形。

② 更新的 Lagrange 格式（Updated Lagrange Formulation，简称 U. L. 格式），这种格式中所有变量以上一时刻 t 的位形作为参考位形。

从理论上讲，两种列式都可用于进行板料成形的几何非线性分析，相比而言，U. L.法比 T.L.法更易引入非线性本构关系，同时由于在计算各载荷增量步时使用了真实的柯西（Cauchy）应力，适合追踪变形过程的应力变化，所以在板料成形分析中一般都使用 U. L.法。

以上一时刻 t 的位形作为参考位形，可以得到 $t+\Delta t$ 时刻虚功原理的 U. L. 格式，见式（1-23）：

$$\int_{{}^tV} {}^{t+\Delta t}_t S_{ij}\delta\,{}^{t+\Delta t}_t E_{ij}\mathrm{d}\,{}^tV = \delta^{t+\Delta t}W \qquad (1\text{-}23)$$

由于 t 时刻的应力应变已知，可建立增量方程，见式（1-24）：

$$^{t+\Delta t}_t S_{ij} = {}^t\sigma_{ij} + \Delta\,{}^{t+\Delta t}_t S_{ij} \qquad (1\text{-}24)$$

$$\Delta_t E_{ij} = \Delta\,{}^L_t E_{ij} + \Delta\,{}^{NL}_t E_{ij} \qquad (1\text{-}25)$$

其中：
$$\Delta\,{}^L_t E_{ij} = \frac{1}{2}\left(\Delta_t u_{i,j} + \Delta_t u_{j,i}\right),\ \Delta\,{}^{NL}_t E_{ij} = \frac{1}{2}\Delta_t u_{i,j}\Delta_t u_{j,i} \qquad (1\text{-}26)$$

增量型本构关系，见式（1-27）：

$$\Delta\,{}^{t+\Delta t}_t S_{ij} = {}_t D_{ijkl}\Delta\,{}^{t+\Delta t}_t E_{ij} \qquad (1\text{-}27)$$

将式（1-24）~式（1-26）代入式（1-27），并引入形函数可得平衡方程的矩阵表达形式，见式（1-28）：

$$\left({}_t K_L + {}_t K_{NL} \right) \Delta u = {}_t^{t+\Delta t} Q - {}_t F \tag{1-28}$$

其中：

$$_t K_L = \int_{{}^t V} {}_t \boldsymbol{B}_L^{\mathrm{T}} \, {}_t \boldsymbol{D} \, {}_t \boldsymbol{B}_L \mathrm{d}^t V \tag{1-29}$$

$$_t K_{NL} = \int_{{}^t V} {}_t \boldsymbol{B}_{NL}^{\mathrm{T}} \, {}_t \boldsymbol{\sigma} \, {}_t \boldsymbol{B}_{NL} \mathrm{d}^t V \tag{1-30}$$

$$_t F = \int_{{}^t V} {}_t \boldsymbol{B}_L^{\mathrm{T}} \, {}_t \hat{\boldsymbol{\sigma}} \mathrm{d}^t V \tag{1-31}$$

以上式（1-28）~式（1-31）中，${}_t\boldsymbol{B}_L^{\mathrm{T}}$ 和 ${}_t\boldsymbol{B}_{NL}^{\mathrm{T}}$ 分别是线性应变和非线性应变与位移的转换矩阵；${}_t\boldsymbol{D}$ 是材料的本构矩阵；${}_t\boldsymbol{\sigma}$ 和 ${}_t\hat{\boldsymbol{\sigma}}$ 是 Cauchy 应力矩阵和向量；${}_t^{t+\Delta t}Q$ 是外部载荷向量。为了简单起见，以上只列出了一个单元的方程，严格说上述方程对于所有单元的整体才成立。

（2）根据动力分析方法建立几何非线性有限元方程　根据静力分析方法建立的几何非线性有限元方程适于静力问题和准静力问题，有其广泛的应用领域。对于加载速度缓慢、速度变化小、可以不考虑惯性力的准静力成形过程，采用静力分析非常有效。但如果载荷是迅速加上的，必须考虑惯性力，这类成形过程则为动力问题，必须进行动力分析。此时，因采用包括惯性力的运动方程（也可称为动力平衡方程），由虚功原理建立的有限元方程应包含惯性力和阻尼力功率项，以反映物体系统的惯性效应和物理阻尼效应。因此，类似于静力分析方法所建立的非线性有限元方程，根据动力分析方法进行非线性有限元方程的建立时，弹塑性问题的动力虚功率方程为：

$$\int_V \sigma_{ij} \delta \dot{e}_{ij} \mathrm{d}V = \int_V b_i \delta v_i \mathrm{d}V + \int_{S_p} p_i \delta v_i \mathrm{d}S + \int_{S_c} q_i \delta v_i \mathrm{d}S - \int_V \rho a_i \delta v_i \mathrm{d}V - \int_V \gamma v_i \delta v_i \mathrm{d}V \tag{1-32}$$

根据式（1-32），把整个物体离散为若干个有限单元，对于任一个单元 e 由虚功率方程建立有限元方程，所有单元方程的集合即可形成整个有限元方程。

对于任一单元 e，选取其形函数矩阵为 $[N]$，单元内任一点变形前的位移、速度和加速度向量分别记为 $\{u\}$、$\{v\}$ 和 $\{a\}$，单元内任一点变形后的位移、速度和加速度向量分别记为 $\{u\}^e$、$\{v\}^e$ 和 $\{a\}^e$，对三维问题有：

$$\begin{cases} |\boldsymbol{u}| = \begin{bmatrix} u_1 & u_2 & u_3 \end{bmatrix}^{\mathrm{T}} \\ |\boldsymbol{v}| = \begin{bmatrix} v_1 & v_2 & v_3 \end{bmatrix}^{\mathrm{T}} \\ |\boldsymbol{a}| = \begin{bmatrix} a_1 & a_2 & a_3 \end{bmatrix}^{\mathrm{T}} \end{cases} \tag{1-33}$$

$$\{\boldsymbol{u}\} = [N]\{\boldsymbol{u}\}^e, \{\boldsymbol{v}\} = [N]\{\boldsymbol{u}\}^e, \{\boldsymbol{a}\} = [N]\{\boldsymbol{a}\}^e \tag{1-34}$$

$$\{\boldsymbol{b}\} = \begin{bmatrix} b_1 & b_2 & b_3 \end{bmatrix}^{\mathrm{T}} \tag{1-35}$$

$$\{\boldsymbol{p}\} = \begin{bmatrix} p_1 & p_2 & p_3 \end{bmatrix}^{\mathrm{T}} \tag{1-36}$$

$$\{\boldsymbol{q}\} = \begin{bmatrix} q_1 & q_2 & q_3 \end{bmatrix}^{\mathrm{T}} \tag{1-37}$$

并记：

$$\{\boldsymbol{\sigma}\} = \begin{bmatrix} \sigma_{11} & \sigma_{22} & \sigma_{33} & \sigma_{12} & \sigma_{23} & \sigma_{31} \end{bmatrix}^{\mathrm{T}} \tag{1-38}$$

$$\{\dot{e}\} = [\dot{e}_{11} \quad \dot{e}_{22} \quad \dot{e}_{33} \quad 2\dot{e}_{12} \quad 2\dot{e}_{23} \quad 2\dot{e}_{31}]^{\mathrm{T}} \tag{1-39}$$

任一点的应变速率列阵 $\{\dot{e}\}$ 中的分量 $\dot{e}_{ij}$ 为：

$$\{\dot{e}_{ij}\} = \frac{1}{2}(v_{i,j} + v_{j,i}) \tag{1-40}$$

由式（1-39）和式（1-49）可得：

$$\{\dot{e}\} = [B]\{v\}^{e} \tag{1-41}$$

由此，可根据式（1-32）写出单元 e 的动力虚功率方程的矩阵式为：

$$\int_{V^e}(\{\delta v\}^e)^{\mathrm{T}}[B]^{\mathrm{T}}\{\sigma\}\mathrm{d}V = \int_{V^e}(\{\delta e\}^e)^{\mathrm{T}}[N]^{\mathrm{T}}\{b\}\mathrm{d}V + \int_{S_p^e}(\{\delta v\}^e)^{\mathrm{T}}[N]^{\mathrm{T}}\{p\}\mathrm{d}S$$
$$+ \int_{S_c^e}(\{\delta v\}^e)^{\mathrm{T}}[N]^{\mathrm{T}}\{q\}\mathrm{d}S - \int_{V^e}(\{\delta v\}^e)[N]^{\mathrm{T}}\rho[N]\{a\}^e\mathrm{d}V - \int_{V^e}(\{\delta v\}^e)^{\mathrm{T}}[N]^{\mathrm{T}}\gamma[N]\{v\}^e\mathrm{d}V \tag{1-42}$$

则有：

$$\int_{V^e}\rho[N]^{\mathrm{T}}[N]\mathrm{d}V\{a\}^e + \int_{V^e}\gamma[N]^{\mathrm{T}}[N]\mathrm{d}V\{v\}^e = \int_{V^e}[N]^{\mathrm{T}}\{b\}\mathrm{d}V + \int_{S_p^e}[N]^{\mathrm{T}}\{p\}\mathrm{d}S$$
$$\int_{S_c^e}[N]^{\mathrm{T}}\{q\}\mathrm{d}S - \int_{V^e}[B]^{\mathrm{T}}\{\sigma\}\mathrm{d}V \tag{1-43}$$

式（1-43）即是单元有限元方程。将单元方程集合，即得整体有限元方程：

$$\sum\left(\int_{V^e}\rho[N]^{\mathrm{T}}[N]\mathrm{d}V\right)\{\ddot{U}\} + \sum\left(\int_{V^e}\gamma[N]^{\mathrm{T}}[N]\mathrm{d}V\right)\{\dot{U}\} = \sum\int_{V^e}[N]^{\mathrm{T}}\{b\}\mathrm{d}V$$
$$+ \sum\int_{S_p^e}[N]^{\mathrm{T}}\{p\}\mathrm{d}S + \sum\int_{S_p^e}[N]^{\mathrm{T}}\{q\}\mathrm{d}S - \sum\int_{V^e}[B]^{\mathrm{T}}\{\sigma\}\mathrm{d}V \tag{1-44}$$

令：

$$[M] = \sum\int_{V^e}\rho[N]^{\mathrm{T}}[N]\mathrm{d}V \tag{1-45}$$

$$[C] = \sum\int_{V^e}\gamma[N]^{\mathrm{T}}[N]\mathrm{d}V \tag{1-46}$$

$$\{P\} = \sum\int_{V^e}[N]^{\mathrm{T}}\{b\}\mathrm{d}V + \sum\int_{S_p^e}[N]^{\mathrm{T}}\{p\}\mathrm{d}S + \sum\int_{S_p^e}[N]^{\mathrm{T}}\{q\}\mathrm{d}S \tag{1-47}$$

$$\{F\} = \sum\int_{V^e}[B]^{\mathrm{T}}\{\sigma\}\mathrm{d}V \tag{1-48}$$

则式（1-44），可写成：

$$[M]\{\ddot{U}\} + [C]\{\dot{U}\} = \{P\} - \{F\} \tag{1-49}$$

式（1-49）即为根据动力分析方法建立的非线性有限元方程的一般形式。其中，$\{\ddot{U}\}$ 是整体节点加速度列阵；$\{\dot{U}\}$ 是整体节点速度列阵；$[M]$ 为整体质量列阵；$[C]$ 为整体阻尼列阵；$\{P\}$ 为外节点力列阵；$\{F\}$ 是由内应力计算的整体节点力列阵，称为内力节点力列阵。

对于板料冲压成形等属于大塑性变形的成形过程进行仿真分析时，一般采用增量式。求解式（1-49）也存在很多种方法，例如：直接积分算法、显式积分算法，根据静力分析方法建立非线性有限元方程的求解方法同样适用于根据动力分析方法建立的非线性有限元方程式（1-49）的求解。其中显式积分算法则是应用相当广泛的一种积分算法。

1.1.6　有限元求解算法

高效的有限元求解算法是开发使用板料成形模拟系统最基本、最重要的条件。目前根据有限元程序中采用的时间积分算法的不同，有限元的算法可以分为静力隐式算法、动力显式算法、静力显式算法，其中静力隐式算法和动力显式算法是最常用的两种，后来又出现了一步成形算法。

1.1.6.1　静力隐式算法

在板料成形模拟过程中，一般将冲压成形过程看作是一个准静力过程，可以忽略速度和加速度的影响。由于采用了静力平衡方程来描述板料成形过程，静力隐式算法显得更加自然、准确，在求解过程中一般不需要设定一些人工参数。

这类算法的显著优点是能够连续地模拟金属从塑性加载直至弹性卸载的全过程，并允许采用较大的加载时间步长。静力隐式算法在解决复杂形状的三维问题时，最困难的就是迭代收敛性问题。另外计算效率低，也是它的一个不利因素。典型的软件包括：Autoform、Mtiform、Form-3D、Marc、Simex 和 Abaqusa。

板料成形的过程中，冲头的速度较慢，可以看作一个准静力过程，忽略了动态效应。只考虑 t 时刻和 $t+\Delta t$ 时刻的平衡方程：

$$^{t}Q = {}^{t}F \qquad (t时刻) \tag{1-50}$$

$$^{t+\Delta t}Q = {}^{t+\Delta t}F \quad (t+\Delta t \text{ 时刻}) \tag{1-51}$$

式（1-50）和式（1-51）两式相减，得到增量方程：

$$^{t+\Delta t}Q - {}^{t}Q = {}^{t+\Delta t}F - {}^{t}F = \Delta F \tag{1-52}$$

式中，$^{t+\Delta t}Q - {}^{t}Q$ 可以近似地线性表示为：

$$^{t+\Delta t}Q - {}^{t}Q \approx \left.\frac{\partial Q}{\partial Q}\right|_{^{t}\mu} (^{t+\Delta t}\mu - {}^{t}\mu) = K(^{t}\mu)\Delta\mu_{1} \tag{1-53}$$

得求解方程组，如下：

$$\Delta\mu_{1} = K^{-1}(^{t}\mu)\Delta F \tag{1-54}$$

$$\mu_{1} = {}^{t}\mu + \Delta\mu_{1} \tag{1-55}$$

当步长 ΔF 较大时，由于采用了线性近似式（1-53），由式（1-55）确定的 μ_1 不满足平衡方程式（1-51），此不平衡力 ΔQ 为：

$$\Delta Q = Q(^{t+\Delta t}\mu) - Q(\mu_{1}) \tag{1-56}$$

在 μ_1 处 $Q(^{t+\Delta t}\mu) - Q(\mu_1)$ 近似线性表示为：

$$Q(^{t+\Delta t}\mu) - Q(\mu_{1}) \approx \left.\frac{\partial Q}{\partial \mu}\right|_{\mu_{1}} (^{t+\Delta t}\mu - \mu_{1}) = K(\mu_{1})\Delta\mu_{2} \tag{1-57}$$

得近似解如下：

$$\Delta\mu_{2} = K^{-1}(\mu_{1})\Delta Q \tag{1-58}$$

$$\mu_{2} = \mu_{1} + \Delta\mu_{2} \tag{1-59}$$

重复以上步骤，直至 ΔQ 足够小，则得到 $t+\Delta t$ 时刻的解 $^{t+\Delta t}\mu$。需要注意的是，静态隐式算法具有由于板料成形的复杂性而导致收敛性较难满足的缺点。

1.1.6.2 动力显式算法

动力显示算法采用中心差分进行求解，不必构造和计算总体刚度矩阵；在每一增量步内，不需要进行平衡迭代；质量矩阵 M 和阻尼矩阵 C 都被表示为对角矩阵，不必求解大量且烦琐的线性化方程组，因而计算速度快，不存在收敛控制问题；需要的内存也比隐式算法要少；数值计算过程可以很容易地进行并行计算，程序编制也相对简单。但是显式算法也存在一些不利的方面：要求质量矩阵为对角矩阵，而且只有在单元计算尽可能少时才能发挥速度优势，因而往往采用减缩积分方法，容易激发沙漏模式，影响应力和应变的计算精度。动力显式法还有一个重要的特点，即对成形过程的模拟需要使用者正确划分有限元网格和选择质量比例参数、速度和阻尼系数。

显式算法克服了隐式算法的缺点，但是也存在不足：在解决像板料成形这样的条件稳定问题时，必须尽量消除惯性力的影响。对此一般可采用两种方法：一是将运动能限制在应变能的 5% 以下；二是限制元素类型，一般只采用四节点的四边形或者八节点的实体型。由于回弹是一个准静态问题，宜采用隐式算法。

考虑动态效应，板料成形问题就成了一个动载荷作用下的相应过程。假设不考虑阻尼的影响，M 为对角阵，采用中心差分法求解就可得到动态显式算法的递推公式：

$$\frac{1}{\Delta t^2} M^{t+\Delta t} \mu = {}^t F - \left({}^t K_L + {}^t K_{NL} - \frac{2}{\Delta t^2} M \right)^t \mu - \frac{1}{\Delta t^2} M^{t-\Delta t} \mu \tag{1-60}$$

中心差分法是条件稳定的，时间步长必须满足一定的条件，即：

$$\Delta t \leqslant \Delta t = \frac{T_{\min}}{\pi} \tag{1-61}$$

式（1-61）中 $T_{\min}$ 是结构中的最小固有振动周期。这种方法比较适用于冲击计算，在工程实际应用中为提高计算效率常采用虚拟冲压速度或虚拟质量。若是选取适当，可以轻松解决板料成形这类准静态过程计算带来的精度问题。

两种时间积分方法的比较：在板料成形数值模拟的初期，静力隐式算法和动力显式算法这两种不同的时间积分方法都得到了应用。研究人员发现显式算法的稳定性较差，计算效率低，所以相当长的一段时间里静力隐式算法是主流算法。随着时间的推移，人们从研究二维问题逐步向三维问题扩展时，静力隐式算法的求解效率随着接触复杂程度的增加而下降，计算时间随着节点自由度数增加而大幅度增加，特别是由于起皱引起的近似奇异刚度矩阵经常会导致求解失败。静力隐式算法求解大型复杂问题在收敛性和计算效率方面存在的问题，促使人们把动力显式算法提出来。动力显式算法的求解精度与虚拟冲压速度、虚拟质量、阻尼的选取有很大关系，目前理论上尚未解决。所以现在工程实际上，一般采用动力显式算法进行成形模拟，用静力隐式算法进行回弹分析。

1.1.6.3 静力显式算法

静力显式算法不考虑速度和加速度的影响，利用基于率形式的平衡方程组与 Eider 前插公式，不需要迭代求解，从而避免了计算收敛性问题，但由于平衡方程式在率形式上得到满足，所得结果会慢慢偏离正确值。静力显式算法假设在每一增量步内单元的弹塑性状态和任一节点与模具表面的接触状态均不发生改变，因此每一增量步限制得非常小，虽然不需迭代计算，但是模拟一个成形过程往往需要多达几千个增量步。采用静力显式算法进行复杂薄板件的成形模拟时，其计算效率与静力隐式算法相比并没有得到很大的改善，并且计算精度还不如静力隐式算法的计算精度高。

1.1.6.4 一步成形算法

一步成形算法中只采用一个时间步，通常采用线性应变路径的假定，并且忽略接触摩擦过程，可以在短时间内根据成形后的构形计算出初始坯料尺寸。其与 CAD 软件和网格划分功能相结合，可以在设计的初始阶段提供非常有价值的信息。Kwansoo Chung 等将形变理论与极值功路径相结合，提出了理想形变的思想。兰箭等编写了一步法有限元程序，并将其成功地应用于板料成形的数值模拟中。马迅等应用一步成形法有限元模拟了车用减振器支座结构的成形过程，分析了零件的可成形性、减薄率、应力和应变等。

1.2 金属板料冲压成形仿真关键技术

1.2.1 金属板料成形仿真分析基本步骤

板料冲压成形是利用安装在压力机上的冲模对材料施加压力，使其产生分离或塑性变形，从而获得所需零件（俗称冲压件或冲件）的一种压力加工方法。与切削加工等方法相比，板料冲压成形不仅具有更高的生产效率，而且可以获得更高的材料利用率，已经广泛应用于诸多工业领域。

板料冲压成形仿真分析技术现已进入实际应用阶段，许多较为成熟的商业化软件得到了广泛的应用。典型的板料冲压成形仿真分析系统如图 1-4 所示。例如：目前在汽车工业领域，许多国内外大型汽车制造企业在汽车冲压零件的结构设计、冲模设计、调试直至投产的整个过程中贯穿了仿真分析技术，极大地缩短了冲压零部件的开发周期，产生了巨大的经济效益。

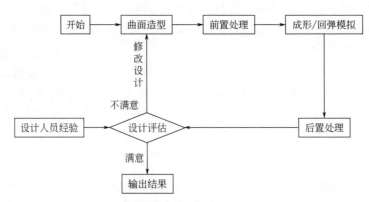

图 1-4　板料冲压成形的仿真分析系统

1.2.2　金属板料成形仿真分析流程

金属板料成形仿真分析的基本步骤，主要是基于计算机系统的分析步骤。软件系统结构主要包括三大部分：前置处理模块、提交求解器进行求解计算的分析模块以及后置处理模块。前置处理模块主要完成典型冲压成形仿真分析 FEM 模型的生成与输入文件的准备工作，求解器进行相应的有限元分析计算，求解器计算出的结果由后置处理模块进行处理，协助专业技术人员进行模具设计及工艺控制研究。

运用板料成形仿真分析软件进行板料冲压成形仿真分析，一般可分为以下五个步骤：

（1）建立仿真分析的几何模型　即在仿真软件中建立模具、压边圈和初始零件的曲面模型。

（2）进行仿真分析前置处理　通过板料成形仿真分析软件不同的前置处理模块，对建立的各个曲面模型进行前置处理：

① 对各个曲面模型进行适当的单元划分。单元划分的合理与否会对计算的精确度及计算时间有一定的影响。通常，在弯曲变形较大的部位及角部附近单元划分得较密些。在变形较小或没有弯曲的部位单元划分得较稀疏些。

② 将每个单元集分别定义为不同的工模具零件。　包括定义毛坯及相关力学性能参数、定义成形工具接触参数如摩擦系数等、工模具的运动曲线以及载荷压力的曲线等，再确定好所有成形分析参数后就可以启动计算器进行分析计算。

（3）进行板料冲压成形模拟或回弹模拟　在进行分析计算后，读取计算数据结果，以不同的方式显示各个目标参数随动模行程的改变而改变的情况。

（4）进行仿真分析的后置处理　不同的板料成形仿真分析软件的后置处理模块可根据计算机计算的结果对板料冲压成形过程进行全程动态模拟演示。技术人员可以选择云图或等高线方式观察工件的单元、节点处的厚度、应力或应变的变化情况。

（5）进行模具设计及工艺评估　技术人员根据专业知识和实际的生产经验，对整个仿真分析结果进行评估。如不满意，对工艺参数进行修改，满意就输出进行实际生产的指导。

应用板料成形仿真软件进行板料冲压成形仿真分析的一般流程，如图 1-5 所示。

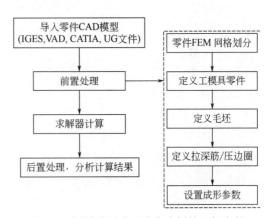

图 1-5　板料冲压成形仿真分析的一般流程

1.2.3　求解算法选择

之前对数值模拟的算法做了简单介绍。在冲压仿真中，主要运用的算法只有两种，即用于重力以及回弹的静力隐式算法和拉深、成形的动力显式算法。算法所对应的成形工艺基本固化了。但是算法内在因素对于分析的影响不可忽略。作为读者，应该能尽可能地理解算法的逻辑关系，从而能处理分析中遇到的各类问题，这里就算法的逻辑关系展开解释，帮助读者明白选择的逻辑。

首先来说说隐式和显式。例如：如果需要从 A 地去往 B 地，我们可以选择步行、自行车、汽车、火车、飞机等不同的交通工具。这些交通工具之间的差异也很明显，步行不需要费用，但是需要很长时间；飞机需要费用，但是时间很短。类似的，显式和隐式就是数学计算中为了达到某个目的，使用的两种不同的"交通工具"。

人类对现实世界的认识是由感性认识开始，不断深入，最后落入理性分析的。比如：两地的距离，是从遥远开始，不断拉近，最后落入多少千米这样具体的数字。工业文明的发展也是一段不断提高数值精度的发展历史。对于任何问题，理性的考虑都是希望能够用精确的数字来表示问题的状态。比如一辆飞驰的汽车，用速度来描述汽车在单位时间内行驶过的距离，用加速度来描述速度的变化，用位移来描述汽车行驶的方向和距离等。那么如果是一个冲压成形问题，想知道在板料变形中的某一个时刻，这个板材的状态、形状、力等情况时，显式算法和隐式算法就能帮助我们将冲压用的模具、坯料、材料性能、摩擦、速度等参数作为已知条件，将整个冲压工艺看作一个由这些参数组成的方程。通过显式、隐式两种计算方法，就能够确定任意一个时刻，这个方程的状态，也就知道坯料的情况了。所以对于一个确定的系统问题，显式算法和隐式算法是两种求解系统问题的不同计算方法。

显式和隐式算法的区别，可以从它们的特点上分析，也可以从应用上分析，二者在数学上有不同的公式，代表了不同的求解思想（具体公式可参考 1.1.5 节）。这里仅做一个类比来间接说明二者之间的关系和区别。以爬山打一个比方，假设隐式和显式两个人在爬山，山高1000m，要求他们爬到山顶。对于显式算法而言：他个子矮小，腿也比较短，所以他每一步迈的都很小；假设每一秒迈 0.5m，以固定的步伐一步一步地往山上爬；那么每一个确定的时刻，都能知道他在山上的哪个位置，而且知道什么时候他到达了山顶。而对于隐式算法来说：

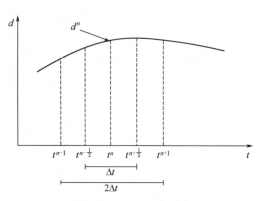

图 1-6　显式计算的逻辑迭代关系

他腿长，而且性格随意，步子时而大时而小，没办法知道任意时刻他在山上的哪个位置；但是如果要求他离山顶 10m 的时候就算它爬到山顶了；所以当看他的时候，它要么在爬山，要么已经在山顶了。对于显式算法来说，步子不超过 0.5m，他就一定能在确定的时间爬到山顶，但是需要花很多时间。对于隐式算法来说，他步子很大，可以一步跨到山顶，当然只要他步子别太大，一步就把山跨过去了，那样就爬不到山顶了。所以隐式算法的重点是只要能到山顶 10m 之内就行。显式计算的逻辑迭代关系，如图 1-6 所示。

根据图 1-6 所示来确定时间增量可知时刻、时间和时间增量的关系为：

$$\Delta t^{n+\frac{1}{2}} = t^{n+1} - t^{n} \tag{1-62}$$

$$t^{n+\frac{1}{2}} = \frac{1}{2}\left(t^{n+1} + t^{n}\right) \tag{1-63}$$

$$\Delta t^{n} = t^{n+\frac{1}{2}} - t^{n-\frac{1}{2}} \tag{1-64}$$

$$t^{n+1} = t^n + \Delta t^{n+\frac{1}{2}}$$ (1-65)

使用中心差分法来定义 $n+1/2$ 时刻的速度：

$$v^{n+\frac{1}{2}} = \frac{d^{n+1} - d^n}{\Delta t^{n+\frac{1}{2}}}$$ (1-66)

$$d^{n+1} = v^{n+\frac{1}{2}} \Delta t^{n+\frac{1}{2}} + d^n$$ (1-67)

因为：

$$\Delta t^{n+\frac{1}{2}} = t^{n+1} - t^n$$ (1-68)

加速度可以由速度表示如下：

$$a^n = \frac{v^{n+\frac{1}{2}} - v^{n-\frac{1}{2}}}{t^{n+\frac{1}{2}} - t^{n-\frac{1}{2}}}$$ (1-69)

$$v^{n+\frac{1}{2}} = v^{n-\frac{1}{2}} + \Delta t^n a^n$$ (1-70)

所以：

$$d^{n+1} = v^{n+\frac{1}{2}} \left(t^{n+1} - t^n \right) + d^n$$ (1-71)

结合时间积分的动力学平衡方程，最基本的问题是求 $n+1$ 时刻的位移：

$$ma^n + cv^n + f_{\text{int}}^n = f_{\text{ext}}^n$$ (1-72)

$$ma^n = f_{\text{ext}}^n - f_{\text{int}}^n - cv^n$$ (1-73)

$$a^{n+1} = m^{-1} \left(f_{\text{ext}}^{n+1} - f_{\text{int}}^{n+1} - cv^{n+\frac{1}{2}} \right)$$ (1-74)

显式迭代的逻辑关系是：

$$v^{n+\frac{1}{2}} = v^{n-\frac{1}{2}} + \Delta t^n a^n$$ (1-75)

$$d^{n+1} = v^{n+\frac{1}{2}} \Delta t^{n+\frac{1}{2}} + d^n$$ (1-76)

$$\varepsilon^{n+\frac{1}{2}} = \boldsymbol{B} v^{n+\frac{1}{2}}$$ (1-77)

$$\sigma^{n+\frac{1}{2}} = F \left(\varepsilon^{n+\frac{1}{2}} \right)$$ (1-78)

$$\sigma^{n+1} = \sigma^n + \Delta t \sigma^{n+\frac{1}{2}}$$ (1-79)

$$f_{\text{int}}^{n+1} = \int_V \boldsymbol{B}^{\text{T}} \sigma^{n+1} \mathrm{d}V$$ (1-80)

$$a^{n+1} = m^{-1} \left(f_{\text{ext}}^{n+1} - f_{\text{int}}^{n+1} - cv^{n+\frac{1}{2}} \right)$$ (1-81)

由式（1-81）可知，采用显式算法进行计算时，由时间增量开始，由速度和时间增量求得位移，然后做力的平衡，更新加速度，再重复更新速度值，求得新得位移，再做力的平衡，循环往复。

显式算法主要是指时间积分格式采用显式格式的一种有限元方法，它既无隐式算法中的平衡迭代过程，即不存在解的收敛性问题，也不需要求解非线性联立方程组。可以在普通 PC 上求解大规模的有限元分析问题，但不适合高精度弯曲成形模拟。

隐式的迭代逻辑关系与显式算法不同。首先系统平衡方程的残差表示如式（1-82）所示。

$$0 = R = \boldsymbol{\delta}ma^{n+1} + f_{\text{int}}^{n+1} - f_{\text{ext}}^{n+1} \tag{1-82}$$

采用 Newmark 方法改写上述方程，得到位移和速度以及加速度的关系：

$$d^{n+1} = d^n + \Delta tv^n + \frac{\Delta t^2}{2}(1-2\beta)a^n + \beta\Delta t^2 a^{n+1} \tag{1-83}$$

$$v^{n+1} = v^n + (1-\gamma)\Delta ta^n + \gamma\Delta ta^{n+1} \tag{1-84}$$

改写后的方程代入隐式平衡方程得到关于残差的平衡方程：

$$0 = R = \boldsymbol{\delta}m\left[\frac{d^{n+1} - d^n - \Delta tv^n - \frac{\Delta t^2}{2}(1-2\beta)a^n}{\beta\Delta t^2}\right] + f_{\text{int}}^{n+1} - f_{\text{ext}}^{n+1} \tag{1-85}$$

对于隐式来说，最重要的是找到 $n+1$ 时刻的位移使得残差为 0，抑或是小于某一个很小的正数。求解残差公式首先将公式改写

$$r\left(d^{n+1}, t^{n+1}\right) = \frac{\boldsymbol{\delta}}{\beta\Delta t^2}m\left(d^{n+1}, d^{\sim n+1}\right) - f\left(d^{n+1}, t^{n+1}\right) = 0 \tag{1-86}$$

该公式给出了在 t^{n+1} 时刻，残差与位移的函数关系。那么后一项的位移可以表示为前一项位移的泰勒展开

$$r\left(d_{v+1}, t^{n+1}\right) = r\left(d_v, t^{n+1}\right) + \frac{\partial r\left(d_v, t^{n+1}\right)}{\partial d}\Delta d + O\left(\Delta d^2\right) = 0 \tag{1-87}$$

$$\Delta d = d_{v+1} - d_v \tag{1-88}$$

忽略高阶无穷小之后，就转换为求解线性方程

$$r\left(d_v, t^{n+1}\right) + \frac{\partial r\left(d_v, t^{n+1}\right)}{\partial d}\Delta d = 0 \tag{1-89}$$

$$\Delta d = -\left[\frac{\partial r\left(d_v\right)}{\partial d}\right]^{-1} r\left(d_v\right) \tag{1-90}$$

隐式计算的逻辑迭代关系及其求解过程，如图 1-7 所示。

对残差公式进行改写：

$$r\left(d_v, t^{n+1}\right) + \frac{\partial r\left(d_v, t^{n+1}\right)}{\partial d}\Delta d = r\left(d_v, t^{n+1}\right) + \boldsymbol{A}\Delta d \tag{1-91}$$

式中，$\boldsymbol{A}$ 是系统雅可比矩阵，或者称为等效切线刚度矩阵。

金属冲压成形仿真及应用
——基于 DYNAFORM

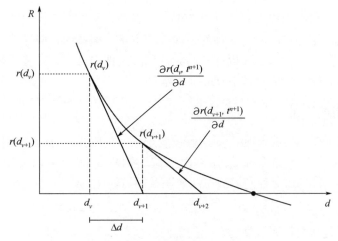

图1-7 隐式计算的逻辑迭代关系

$$A = \frac{\partial r}{\partial d} - \frac{\delta}{\beta \Delta t^2} M + K^{int} - K^{ext} \tag{1-92}$$

$$\Delta d = -A^{-1} r\left(d_v, t^{n+1}\right) \tag{1-93}$$

隐式迭代的逻辑关系是：

$$a^{n+1} = \frac{1}{\beta \Delta t^2}\left(d^{n+1} - d^{\sim n+1}\right) \tag{1-94}$$

$$v^{n+1} = v^{\sim n+1} + \gamma \Delta t a^{n+1} \tag{1-95}$$

$$r\left(d^{n+1}, t^{n+1}\right) = M a^{n+1} - f\left(d^{n+1}, t^{n+1}\right) \tag{1-96}$$

$$A\left(d^n, t^{n+1}\right) = \frac{1}{\beta \Delta t^2} M - \frac{\partial f\left(d^n, t^{n+1}\right)}{\partial d} \tag{1-97}$$

$$\Delta d = -A\left(d^n, t^{n+1}\right)^{-1} r\left(d^{n+1}, t^{n+1}\right) \tag{1-98}$$

$$d^{new} = d^{old} + \Delta d \tag{1-99}$$

最后检查其收敛判据。

综上所述，动力显式算法效率高，稳定性好，适于计算各种复杂成形问题，但计算回弹时效率低，回弹计算的时间往往成倍于成形计算的时间；静力隐式算法在求解大型成形问题时效率低，收敛性差，但求解回弹问题时效率高，往往一步或数步迭代即可获得很好的结果。在解决回弹问题时可采用动静联合算法求解回弹问题。即以动力显式算法求解成形过程，然后将其结果作为静力隐式算法的输入进行回弹计算。

1.2.4 材料各向异性屈服准则运用

冲压所采用的板料以钢板居多，冲压钢板一般是经过多次辊轧和热处理制得，轧制使板材的纤维性和择优的晶体结构形成织构，具有明显的各向异性。这种各向异性对其成形规律有显著的影响，如在拉深成形过程中法兰区出现制耳、冲压件断裂位置和极限成形高度的改变等，所以在分析板料拉深成形问题时要考虑这种影响。假定变形体的各向异性具有三个互相垂直的对称平面，这些平面的交线称为各向异性主轴。板料的各向异性主轴沿着轧向、垂直于轧向和沿着板厚方向。目前在板材各向异性屈服条件中应用比较多的有：描述厚向异性的 Hill 屈服准则和正交各向异性的 Barlat 屈服准则。

1.2.4.1 Hill 屈服准则

1948 年，Hill 根据 Mises 屈服准则，假设变形物体主应力状态主轴与各向异性主轴恰好一致，提出了正交各向异性屈服条件。由于此时对板料成形可以使用平面应力的假设（$\sigma_{33}=\sigma_{13}=\sigma_{23}=0$），Hill 正交各向异性二次屈服准则可简化为：

$$2f\left(\sigma_{ij}\right) = F\sigma_{22}^2 + G\sigma_{11}^2 + H\left(\sigma_{11}-\sigma_{22}\right)^2 + 2N\sigma_{12}^2 = 1 \qquad (1\text{-}100)$$

F、G、H、N 是和材料屈服性能有关的各向异性常数，它们之间有以下关系：

$$F+H = \frac{1}{Y_{22}^2},\ G+H = \frac{1}{Y_{11}^2},\ F+G = \frac{1}{Y_{33}^2},\ N = \frac{1}{2Y_{12}^2} \qquad (1\text{-}101)$$

Y_{11}、Y_{22}、Y_{33} 和 Y_{12} 分别是对应方向的单向拉伸屈服应力。由于式（1-100）中的应力都是相对材料的各向异性主轴，当变形体的应力主轴和材料的各向异性主轴不同时，使用较为复杂，而通常变形的应力主轴与材料各向异性主轴都不一致。因此一般在使用 Hill 屈服准则时，忽略板料的面内异性，仅考虑板料的厚向异性（$F=G$），这时就可将材料的各向异性主轴取和应力主轴相同的坐标轴 $\sigma_{12}=0$，此时有：

$$G+H = H+F = \frac{1}{\sigma_s^2} \qquad (1\text{-}102)$$

式中，σ_s 是板料面内的屈服应力，并可得到简化的 Hill 屈服准则：

$$\begin{aligned}f &= \frac{1}{2}\left(G+H\right)\left[\sigma_1^2 - \frac{2H}{\left(G+H\right)}\sigma_1\sigma_2 + \sigma_1^2\right] \\ &= \frac{1}{2\sigma_s^2}\left(\sigma_1^2 - \frac{2r}{1+r}\sigma_1\sigma_2 + \sigma_1^2\right)\end{aligned} \qquad (1\text{-}103)$$

或：

$$\sigma_1^2 - \frac{2r}{1+r}\sigma_1\sigma_2 + \sigma_2^2 = \sigma_s^2 \qquad (1\text{-}104)$$

1970 年，Woodthorpe 和 Pearce 的研究表明：Hill 二次屈服准则对 $r>1$ 的板料符合较好，但对于 $r<1$ 的板料如铝板等则不尽相符。因此，1979 年 Hill 提出了更一般的屈服准则：

$$\left(1+2r\right)\left|\sigma_1-\sigma_2\right|^m + \left|\sigma_1+\sigma_2\right|^m = 2\left(1+r\right)\sigma_s^m,\ \ m>1 \qquad (1\text{-}105)$$

研究表明，此屈服准则能更好地描述 $r<1$ 的板料的变形行为。

1.2.4.2 Barlat 屈服准则

尽管 Hill 屈服准则也能考虑板材的面内各向异性，但是应力的计算要相对材料的各向异性主轴，处理较为复杂。而板料在成形时或多或少表现出一定的面内异性，可用面内异性系数 Δr 来表示，它的大小决定了拉深时凸缘"制耳"形成的程度，影响材料在面内的塑性流动规律。一般来说，Δr 过大，对冲压成形是不利的。

能较好描述板料成形面内各向异性的屈服准则是在 1989 年由 Barlat 和 Lian 共同提出的。

金属冲压成形仿真及应用
——基于 DYNAFORM

该屈服准则能够合理描述具有较强织构各向异性金属板材的屈服行为，并且和由多晶塑性模型得到的平面应力体心立方（bcc）和面心立方（fcc）金属薄板的屈服面是一致的，具体公式如式（1-106）所示：

$$f = a\left|K_1 + K_2\right|^M + a\left|K_1 - K_2\right|^M + c\left|2K_2\right|^M - 2\sigma_s^M = 0 \qquad (1\text{-}106)$$

虽然 Hill 屈服准则也能考虑板材的面内各向异性，但是研究表明 Barlat 和 Lian 的屈服条件能更合理地描述具有较强织构各向异性金属板材的屈服行为，全面地反映了面内各向异性和屈服函数指数 M 对板材成形过程中的塑性流动规律及成形极限的影响。

在进行板料冲压成形仿真分析过程中，要根据所研究的具体成形工艺来选择究竟使用哪种屈服准则。

1.2.5 单元类型选择

在进行板料冲压成形仿真分析中，一般采用在一定的假设下建立起来的板壳单元进行分析，可使问题的规模得以减小。

目前人们已经发展了大量的能够用于冲压成形仿真分析的单元公式，最常用的是 4 结点四边形薄壳单元，主要有两种，HL（Hughes-Liu）单元和 BT（Belytschko-Tsay）单元，这两种单元是板料冲压成形仿真分析过程中应用得非常广泛的两种壳体单元。HL 单元，运算速度相对较慢，但有很高的计算精度，在单元扭曲较大时仍然能够获得合理的结果，适合进行复杂冲压件的成形和回弹分析，其缺点是计算量太大。BT 单元有很高的计算效率，运算速度快，用于复杂冲压件仿真分析，但是计算过程中可能会有零能模式出现，称为"沙漏"。

（1）HL 单元 HL 单元具有以下特点：

① 它是增量目标单元，刚体转动不产生应变，能够处理常见的有限应变；

② 它比较简单，计算的效率和稳定性比较高；

③ 它从实体单元退化而来，和实体单元兼容，从而可以应用许多为实体单元开发的新技术；

④ 它包含横断面的有限切应变；

⑤ 必要时，它还可以考虑厚向的减薄应变。

（2）BT 单元 HL 单元由于单元公式比较复杂，计算量较大，在求解大型复杂的板料成形问题时需要较长的计算时间。为了提高计算效率，引进了 BT 单元，降低了计算非线性运动的复杂度，不必计算费时的 Jaumann 应力，具有很高的计算效率。

基于 HL 和 BT 单元算法的两种薄壳单元公式，有如下 7 种得到广泛应用：

① Belytschko-Wong-Chiang 薄壳单元公式。

② Belytschko-Leviathan 薄壳单元公式。

③ General Huges-Liu 薄壳单元公式。

④ Full Integrated Shell Element（Very Fast）薄壳单元公式。

⑤ S/R Huges-Liu 薄壳单元公式。

⑥ S/R Co-rotational Huges-Liu 薄壳单元公式。

⑦ Fast（Co-rotational）Huges-Liu 薄壳单元公式。

（3）沙漏现象 在板材冲压成形分析中，一点积分的实体单元及壳单元非常容易产生零模式，即沙漏现象。

沙漏现象是数值计算造成的结果，而不是结构本身的固有特性。沙漏的基本特征表现为：一是系统刚性不足，单元刚度矩阵的秩小于精确计算的秩；二是网格呈现出锯齿状的形态。沙漏的出现将导致计算结果的可信度下降，甚至完全不可信。

沙漏影响实体单元、四边形壳单元以及 2-D 单元的计算，且只影响坯料上的单元计算。不影响三角形壳单元、三角形 2-D 单元以及梁单元的计算，也不影响模具上的单元的计算。

良好的有限元模型可以使沙漏现象得到有效控制。因此建模时，坯料上应尽可能地采用同一规格的网格划分，对于有集中载荷的情况，不要将载荷施加在一个孤立的结点上，而应该将集中载荷分散在相邻的数个结点上，因为一旦有一个单元出现了沙漏现象，它就会将沙漏现象传递给其相邻的单元。此外，采用细密的坯料单元网格总是能够达到明显减少沙漏效应的目的。

1.2.6　有限元网格划分

有限元法是根据变分原理来求解数学物理问题的数值分析方法，从研究有限数量单元的力学特征着手，得到一组以节点位移为未知量的代数方程组。因此，在有限元仿真分析技术中，网格划分技术就成为建立有限元分析模型的一个重要环节，网格划分的形式和质量直接影响到仿真分析计算的精度和计算速度。要建立起合理的有限元分析模型，在网格划分中应考虑的问题主要有：

（1）单元网格数量　网格数量将直接影响到计算结果的精度和计算速度。一般而言，网格数量增多，计算精度将有所提高，但计算速度将有所降低，反之亦然，所以在确定网格数量时应综合考虑。

（2）单元网格密度　有限元网格设计的总目的就是，在要求高精度的区域内，网格更细密，在不重要的区域内，网格可以稀松些。

（3）单元网格大小　单元网格大小需要根据分析的冲压零件的外形轮廓特点和结构进行选择，在零件的不同结构和部位上可采用不同大小的单元网格，一般形状复杂处网格较小，形状变化不大处，网格较大。

（4）单元网格形状　对于变形单元的形状，除非单元扭曲具有明显的优点，否则采用没有扭曲的单元通常是最好的。当然，不是变形单元则没有这样的要求。例如，矩形单元是否应该是真正的直角？单元的每一条边是否都是直边？

扭曲的单元对变形单元分析结果精度的影响，在很大程度上与所研究的问题以及所选的单元有关，虽然不希望出现扭曲单元，但实际上这是不可避免的，如边界与过渡区域的单元就是这种情况。而对冲压成形过程而言，即使初始网格均是理想形状，但在冲压过程中，坯料上的单元也必然会产生扭曲。如果要求在这些区域中的分析结果也非常精确，则必须提高网格密度，用大量的单元来建立这些区域的模型来弥补扭曲单元给有限元分析结果带来的负面影响。

一个区域内的扭曲单元对其他区域分析结果的影响，由圣维南原理可知，这种影响在这些扭曲单元"合适"距离以外应该是很小的，这个"合适"距离，通常与所研究的问题及采用单元的网格形状有关，但只有与一个更精确的解进行比较之后，才能确定实际的影响。细化网格可以获得所需要的更精确的解。

（5）板料和模具网格的划分　对金属板材冲压成形过程来说模具的变形要小得多，但模具的形状却是非常复杂的。为了简化计算，模具通常作为刚体处理。刚体不存在应力以及应变计算，且刚体网格尺寸的大小也不参与仿真分析过程中临界时间积分步长的确定，即模具网格的细化不会影响系统的临界时间积分步长，因此，细化模具网格几乎不会影响冲压成形分析过程对 CPU 的要求。同时，模具大量采用三角形单元，不会产生单元扭曲，因此模具与坯料接触的部位，就可以获得精确的接触力的分布规律。

1.2.7　边界条件处理

板料冲压成形过程中，随着冲头的运动，冲头和模具表面因和板料接触而对板料施加的作用力是板料得以成形的动力。在接触过程中，板料的变形和接触边界的摩擦作用使得部分边界条件随加载过程而变化，从而导致了边界条件的非线性。正确处理边界接触和摩擦是得到可信分析结果的关键因素。

（1）接触力的计算　板料冲压成形完全靠作用于板料上的接触力和摩擦力来完成。因此接触力和摩擦力的计算精度直接影响板料变形的计算精度。接触力和摩擦力的计算首先要求计算出给定时刻的实际接触面，这就是所谓的接触搜寻问题。接触力计算的基本算法有两种，一种是罚函数法，另一种是拉格朗日乘子法。在罚函数法中，位于一个接触面上的接触点允许穿透与之相接触的另一个接触面，接触力的大小与穿透量成正比，即：

$$f_n = -\alpha S \tag{1-107}$$

式中，α 是罚因子；S 是接触点的法向穿透量；负号表示接触力与穿透方向相反。罚因子的取值过小会影响精度，过大会降低计算的稳定性，在实际计算时要认真选取。在拉格朗日乘子法中，接触力是作为附加自由度来考虑的，其泛函形式除了包含通常的能量部分外还附加了拉格朗日乘子项：

$$\Pi(u,\lambda) = \frac{1}{2} u^T K u - u^T F + \lambda^T (Q u + {}^0 D) \tag{1-108}$$

式中，u 是结点位移向量；K 为刚度矩阵；F 为结点力向量；λ 是拉格朗日乘子向量；$D = (Qu + {}^0D)$ 为接触点的穿透量向量。对能量泛函式（1-108）变分，建立有限元方程：

$$\begin{bmatrix} K & Q^T \\ Q & 0 \end{bmatrix} \begin{bmatrix} u \\ \lambda \end{bmatrix} = \begin{bmatrix} F \\ -{}^0D \end{bmatrix} \tag{1-109}$$

求解方程即可得到结点位移和拉格朗日乘子，拉格朗日乘子的分量即为接触点处的法向接触力。拉格朗日乘子法是在能量泛函极小的意义上满足接触点互不穿透的边界条件，它增加了系统的自由度，需要采用迭代算法来求解方程，一般适用于静态隐式算法。在显式算法中，一般采用罚函数法。这种方法既考虑了接触力，又不增加系统的自由度，计算效率较高。

（2）摩擦边界处理　板料成形中的摩擦与一般机械运动的摩擦相比，接触面上的压力较大，摩擦过程中的板料表面不断有新生面产生，界面的温度条件更加恶劣。因此，摩擦力的准确计算对板料成形分析十分重要。目前在进行板料拉深成形数值模拟研究中常用的摩擦定律仍为库仑摩擦定律，只是为了数值计算的稳定性作了一些修正。

由库仑摩擦定律知，当两接触物体间的切向摩擦力 f_t 小于临界值 f_{tc} 时，两接触面间的相对滑移 $u_t = 0$，而当 $f_t = f_{tc}$ 时，相对滑移是不定的，需由外界载荷和约束条件确定。按照经典摩擦定律计算的摩擦力为：

$$f_t = -\mu f_n \vec{t} \qquad\qquad (1\text{-}110)$$

式中，μ 是摩擦系数；f_n 是接触点的法向接触力；$\vec{t}$ 是相对滑动方向上的切向单位向量：

$$\vec{t} = \frac{\vec{v}_r}{|v_r|} \qquad\qquad (1\text{-}111)$$

式中，$\vec{v}_r$ 是相对滑动速度向量。

由于在板料成形分析中，某些局部的相对速度很小或相对速度方向发生突变，接触状态由黏着到滑动或相反的变化将导致按式（1-111）计算得到的摩擦力大小和方向突变，如图 1-8 中虚线所示，从而引起计算的不稳定。目前，一般通过引入光顺函数来修正库仑摩擦定律，可用的光顺函数有反正切函数和双曲正切函数，可得到以下修正的库仑摩擦定律：

$$f_t = -\mu f_n \frac{2}{\pi} \arctan\left(\frac{|\vec{v}_r|}{v_c}\right)\vec{t} \qquad\qquad (1\text{-}112)$$

$$f_t = -\mu f_n \tanh\left(\frac{|\vec{v}_r|}{v_c}\right)\vec{t} \qquad\qquad (1\text{-}113)$$

式（1-110）和式（1-111）中，v_c 是一个给定的相对滑动速度，它的大小决定了修正的摩擦模型和原模型的相近程度。太大的 v_c 导致有效摩擦力数值的降低，但使迭代相对容易收敛，而太小的 v_c 虽然能够较好模拟摩擦力的突变，但使求解的稳定性下降。修正的摩擦模型式（1-112）和式（1-113）相似，经过修改后的库仑摩擦模型的曲线图像近似，如图 1-8 细实线曲线所示。经典库仑摩擦定律是从最初适用的刚体一般化到变形体，是在遵循"切向力到达某一临界值时，接触表面才会在局部产生滑移"这一假设的前提下应用的。尽管这一假设在一定的情况下有效，但严格地说它是不成立的。实验发现，只要有切向力存在，两接触表面就会产生滑移，据此又提出了一些非线性的摩擦定律。但是这些摩擦模型有的过于复杂，一些系数很难通过实验得到，使用得较少。由以上分析可知，板料拉深过程的润滑与流体动压润滑、流体静压润滑和弹性流体动力润滑存在很大的区别，不能用单一的理论来解释，这也是至今为止还没有一种能圆满解释板料拉深成形过程中润滑现象的理论的原因之一。目前，在板料冲压成形仿真分析时，为了降低问题的复杂程度，常用的摩擦定律仍是经典库仑摩擦定律，但为了提高分析的精度，进行实际工艺分析时，可采用通过具体摩擦试验所获得的实际摩擦系数进行相关仿真分析计算。

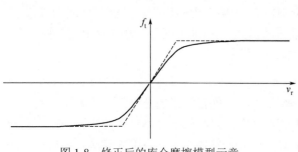

图 1-8　修正后的库仑摩擦模型示意

1.2.8　提高仿真分析效率的方法

本教程实例均采用的是板料成形仿真分析软件——DYNAFORM 软件进行分析计算，该软件采用的是动力显式算法，实际计算中主要采用以下方法以提高仿真分析计算效率：

① 提高虚拟冲压速度：计算时使冲压速度提高 n 倍，则整个分析时间可降低 n 倍。但这种虚拟的冲压速度势必造成计算结果可信度的降低。应该通过实际的计算并和实验结果相比，

从而在精度和效率上寻求一种平衡。

② 提高虚拟质量：将板料质量密度提高 n 倍，则临界时间步长可增大 $n^{1/2}$ 倍，相应地计算时间缩短 $n^{1/2}$ 倍。但是在惯性力影响较大的场合，使用虚拟质量必须慎重。

虚拟冲压速度和质量密度会带来额外的动态效应从而引起计算的误差。因此，必须选择合理的虚拟冲压速度和质量密度以兼顾计算的效率和计算精度。

1.3 金属板料冲压成形仿真分析技术所能解决的主要问题

板料冲压成形过程中会产生多种不同类型的成形缺陷，各种缺陷对冲压零件的尺寸精度、表面质量和力学性能将产生严重影响。总的来说，板料冲压成形过程中所产生的成形缺陷，主要有：起皱、破裂、回弹和变薄等四种类型。

（1）起皱 起皱是压缩失稳在板料冲压成形中的主要表现形式。薄板冲压成形时，为使金属产生塑性变形，模具对板料施加外力，在板内产生复杂的应力状态。由于板厚尺寸与其他两个方向尺寸相比很小，因此厚度方向是不稳定的。当材料的内应力使板厚方向达到失稳极限时，材料不能维持稳定变形而产生失稳，此种失稳形式为压缩失稳。另外，不均匀拉伸力以及板平面内弯曲力等也可能引起起皱。

在金属板材成形加工中通常存在三种类型的起皱现象：法兰起皱、侧壁起皱和由于残余应力在未变形区产生的弹性变形。在冲压复杂形状的时候，拉深壁起皱就是在模具型腔中形成褶皱。由于金属板材在拉深壁区域内相对无支撑，因此，消除拉深壁起皱比抑制法兰起皱要难得多。在不被支撑的拉深壁区域中材料的外力拉深可以防止起皱，这可以在实践中通过增加压边力实现，但是运用过大拉深力会引起破裂失效。合适的压边力必须控制在一定的范围内，一方面可以抑制起皱，另一方面也可以防止破裂失效。合适的压边力范围很难确定，因为起皱在拉深零件的中心区域以一个复杂的形状成形，甚至根本不存在一个合适的压边力范围。起皱的临界判断一般基于三种准则：静力准则、能量准则和动力准则。在有限元数值模拟中比较通用的是建立在能量准则基础上的 HILL 提出的关于弹塑性体的失稳分支理论。

采用 DYNAFORM 软件进行具体计算时，可通过观察成形极限图及板料厚点增厚率来预测和判断给定工艺条件下冲压零件可能产生的起皱，并通过修改毛坯形状、大小，模具几何参数或冲压工艺参数如压边力大小、模具间隙等措施予以消除。

（2）破裂 破裂是拉伸失稳在板料冲压成形中的主要表现形式。在板料成形过程中，随着变形的发展，材料的承载面积不断缩减，其应变强化效应不断增加。当应变强化效应的增加能够补偿承载面积缩减时，变形能稳定进行下去；当两者恰好相等时，变形处于临界状态；当应变强化效应的增加不能补偿承载面积缩减时，即越过了临界状态，板料的变形将首先发生在承载能力弱的位置，继而发展成为细颈，最终导致板料出现破裂现象。

① 变形区的破坏：在冲压成形中变形区的破坏主要发生于伸长类变形。伸长类翻边、伸长类曲面翻边、胀形、扩口、拉弯等冲压成形中毛坯变形区的破坏都属于这种情况。冲压成形时，冲压毛坯转变成为冲压件的实质就是冲压毛坯变形区形状的变化，所以在生产中均采用应变值来衡量毛坯变形区的变形能力。虽然可以用简单拉伸试验所得的伸长率来衡量变形

区的变形功能，但是，由于多种条件的影响，目前多应用成形极限图FLD作为破坏的判断和预测。

② 传力区的破坏：传力区的破坏是冲压成形中另一种常见的形式。冲压成形时，传力区的功能是把冲模的作用力传递到变形区。如果变形区产生塑性变形所需要的力超过了传力区的承载能力，传力区就会产生破坏。这种破坏多发生在传力区内应力最大的危险截面。

③ 局部破坏：局部破坏是冲压成形中破坏的一种特殊形式，多发生在非曲轴对称形状零件的冲压成形过程。发生在盒形冲压时的局部破坏称为劈裂。发生在不连续的拉深筋出口处的局部破坏，称为拉深筋处开裂。这两种破坏具有非常明显的局部特点，可能发生在变形区，也可能发生在传力区，二者兼而有之也可能，但不发生在通常认为是危险截面的部位，原因也很复杂。

④ 残余应力引起的破坏：这种破坏是冲压成形完成后在脱模时立即产生的，但有时候也发生在冲压成形后放置一段时间，甚至发生在安装和使用过程中，有时也叫实效破坏。消除这种破坏的措施，除了在板材金属的组织和性能方面采取必要的方法外，从冲压成形方面来看最根本的方法就是减小或消除残余应力，比如可以减小拉深模间隙等。

在板料成形数值模拟中，破裂一般采用观察零件成形极限图和材料厚向的局部变薄率等两种方法进行预测。目前，在板料冲压加工中采用的绝大多数专业仿真分析软件主要是采用成形极限图作为破裂判断的主要依据。在实际生产中，不仅要控制零件不被拉破，而且对厚度变薄也有严格的要求。因此，有时也利用可观察材料厚向的局部变薄率来预测板料冲压成形过程中破裂缺陷发生的可能性。由于局部变薄率控制值要提前于拉深失稳发生，所以通过控制局部变薄量来控制成形的安全裕度有一定的实用价值。但采用该方法易造成成形安全裕度的限制，使材料无法发挥其延展性。

（3）回弹 回弹缺陷是板料冲压成形过程中产生的主要成形缺陷之一。板料回弹缺陷的产生主要是由于板料在冲压成形结束阶段，当冲压载荷被逐步释放或卸载时，在成形过程中所存储的弹性变形能要释放出来，引起内应力的重组，进而导致零件外形尺寸发生改变。产生回弹的原因主要有两个：

第一，当板料内外边缘表面纤维进入塑性状态，而板料中心仍处于弹性状态，这时当凸模上升去除外载荷后，板料产生回弹现象；

第二，因为板料在发生塑性变形时总伴随着弹性变形消失，所以板料在冲压成形过程中，特别是在进行弯曲成形时，即使内外层纤维完全进入了塑性变形状态，当凸模上升去除载荷后，弹性变形消失了，也会出现回弹现象。

因此回弹缺陷是板料冲压成形过程中不可避免的一类成形缺陷，产生回弹缺陷将直接影响冲压零件的成形精度，从而增加了调模试模的成本以及成形后进行整形的工作量。

在实际板料冲压成形生产中，对于回弹缺陷需要采取行之有效的工艺措施加以消除，采用仿真分析技术有效进行回弹缺陷的预测，对实际冲压生产具有很客观的实际效益。但由于回弹缺陷的产生涉及板料冲压成形整个过程的板料塑性变形状态、模具几何形状、材料特性、接触条件等众多因素，因此板料冲压成形的回弹问题相当复杂。目前，在板料冲压成形中，控制回弹主要从两方面加以考虑：

① 从工艺控制方面加以考虑，即可通过改变成形过程的边界条件，如毛坯形状尺寸、压边力大小及分布状况、模具几何参数、摩擦润滑条件等来减少回弹缺陷的产生；

② 通过修模或增加修正工序等，即在特定工艺条件下实测或有效预测实际回弹量的大小

以及回弹趋势，然后通过修模或增加修正工序，使回弹后的零件恰好满足成形零件的实际设计要求。

在实际生产中，此两种方法都得到广泛采用，有时还需要将两种方法联合起来，控制回弹，以获得最佳的成形效果。

目前采用 DYNAFORM 软件可对板料回弹进行较为有效的预测，为有效控制回弹提供科学依据。但预测精度还需要进一步提高。

（4）**变薄**　板材变薄是板料拉伸的结果，从工程实际的角度来看，对冲压件而言，板料厚度减少 4%～20% 通常是可以接受的，如减少太多，则将削弱零件的刚度引起开裂。金属的延展性和伸长率是影响板料变薄的重要因素。

调整拉延筋的设计参数与布置方案可以控制板料变薄的情况。过大的约束力会导致板料变薄加剧。控制板料的变薄是模具设计的重要方面，一般而言，板料的变薄越均匀越能获得好的冲压件质量。

在 DYNAFORM 软件中可以通过设置拉延筋的位置、长短、角度等来控制变薄量，预测变薄趋势，改善零件的变薄情况。

1.4　金属板料冲压成形仿真技术的发展趋势

数值仿真技术指工程设计中的分析计算与分析仿真，具体包括工程数值分析、结构与过程优化设计、强度与寿命评估、运动/动力学仿真。工程数值分析用来分析确定产品的性能；结构与过程优化设计用来在保证产品功能或工艺过程的基础上，使产品或工艺过程的性能最优；结构强度与寿命评估用来评估产品的精度设计是否可行，可靠性如何以及使用寿命为多少；运动/动力学仿真用来对 CAD 建模完成的虚拟样机进行运动学仿真和动力学仿真。

数值仿真技术的具体含义，表现为以下几个方面：运用工程数值分析中的有限元等技术分析计算产品结构的应力、变形等物理场量，给出整个物理场量在空间与时间上的分布，实现结构的从线性、静力计算分析到非线性、动力的计算分析；运用过程优化设计的方法在满足工艺、设计的约束条件下，对产品的结构、工艺参数、结构形状参数进行优化设计，使产品结构性能、工艺过程达到最优；运用结构强度与寿命评估的理论、方法、规范，对结构的安全性、可靠性以及使用寿命做出评价与估计；运用运动/动力学的理论、方法，对由 CAD 实体造型设计出动的机构、整机进行运动/动力学仿真，给出机构、整机的运动轨迹、速度、加速度以及动力的大小等。

自 1943 年数学家 Courant 第一次尝试应用定义在三角形区域上的分片连续函数的最小位能原理来求解 St. Venant 扭转问题以来，一些应用数学家、物理学家和工程师由于各种原因都涉足过有限单元的概念。但到 1960 年以后，有限单元技术这门特别依赖于数值计算的学科才真正步入了飞速发展时期。由于其所涉及的问题和算法基本上全部来源于工程之中，应用于工程之中，因而仿真成为这门学科的类名称。

几十年来，有限元法的应用已由弹性力学平面问题扩展到空间问题、板壳问题，由静力平衡问题扩展到稳定问题、动力问题和波动问题；分析的对象从弹性材料扩展到塑性、黏塑性和复合材料等；从固体力学扩展到流体力学、传热学等连续介质力学领域。在工程分析中的作用已从分析和校核扩展到优化设计，并和计算机辅助设计技术的结合越来越紧密。

有限元理论的逐步成熟及计算机硬件的迅速发展使得仿真技术应用经历了 20 世纪 60 年代的探索发展时期，70～80 年代的独立发展专家应用时期，直到 90 年代与 CAD 相辅相成的共同发展、推广使用时期。

（1）**仿真技术的探索发展阶段**　20 世纪 60～70 年代，有限元的理论尚处在发展阶段，这个时期有限元技术主要针对结构分析问题进行发展，以解决航天航空技术发展过程中所遇到的结构强度、刚度以及模态实验和分析问题。同时针对当时计算机硬件内存小、磁盘空间小、计算速度慢的特点进行计算方法的改进。针对软件进行适应性研究。在这种技术及商业需求的推动下：

1963 年，Dr. Richard MacNeal 和 Mr. Robert Schwendler 投资成立了 MSC 公司，开发称为 SADSAM（Structural Analysis by Digital Simulation of Analog Methods）的结构分析软件。

1965 年，MSC 参与美国国家航空及宇航局（NASA）发起的计算结构分析方法研究。其程序 SADSAM 更名为 MSC/Nastran。

1967 年，在美国 NASA 的支持下 Structural Dynamics Research Corporation （SDRC）公司成立，并于 1968 年发布世界上第一个动力学测试及模态分析软件包。1971 年推出商用有限元分析软件 Supertab 后并入 I-DEAS。

1970 年，Dr. John A. Swanson 成立了 Swanson Analysis System Inc. （SASI），后来重组后改称 ANSYS 公司，开发 ANSYS 软件。

至此，世界上计算机仿真三大公司先后完成了组建工作，致力于大型商用计算机仿真软件的研究与开发。时至今日，这三大巨头主导计算机仿真软件市场的格局基本上保持了下来。只是在发展方向上，MSC 和 ANSYS 比较专注于非线性分析市场，SDRC 则更偏向于线性分析市场，同时 SDRC 发展起了自己的 CAD/CAM/PDM 技术。

（2）**20 世纪 70～80 年代——仿真技术的蓬勃发展时期**　1971 年，MARC 公司成立，致力于发展用于高级工程分析的通用有限元程序，Marc 程序重点处理非线性结构和热问题。

1977 年，Mechanical Dynamics Inc. （MDI）公司成立，致力于发展机械系统仿真软件。其软件 ADAMS 应用于机械系统运动学、动力学仿真分析。

1978 年，Hibbitt Karlsson & Sorensen Inc. 公司成立。其 ABAQUS 软件主要应用于结构非线性分析。

1982 年，Computer Structural Analysis and Research （CSAR）公司成立。其 CSA/Nastran 主要针对大结构、流固耦合、热及噪声分析。

1983 年，Automated Analysis Corporation（AAC）公司成立，其程序 COMET 主要用于噪声及结构噪声优化等领域的分析软件 FIDAP。

1986 年，ADIND 公司成立并致力于发展结构、流体及流固耦合的有限元分析软件。

1987 年，Livermore Software Technology Corporation（LSTC）成立，其产品 LS-DYNA 及 LS-NIKE30 用隐式算法求解低高速动态及特征问题。

1988 年，FLomerics 公司成立，提供用于电子系统内部空气流及热传递的分析程序 FLTOHERM。

1989 年，Engineering Software Research and Development 公司成立，致力发展 P 法有限元程序。同时 Forming Technologies Incorporated 公司成立，致力于冲压模型软件的开发。

这一时期还成立了许多别的分析软件公司。如致力于机械系统仿真的 TEDEMAS 公司；开发 CF Design 软件解决可压缩和不可压缩流体及热传递分析的 Blue Ridge Numeric Inc. 公司；致力于研究试验与分析集成的 Dynamic Design Solution（DDS）公司；用于不可压缩和中等可压缩的管线等分析的 Fluent 软件公司；致力于计算流体动力学与结构力学软件 Spectrum 的 Centrist 公司等。

这个时期计算机仿真技术发展的几个特点：

① 软件的开发主要集中在计算精度、速度及与硬件平台的匹配方面。

② 有限元分析技术在结构分析和场分析领域获得了很大的成功。从力学模型开始拓展到各类物理场（如温度场、电磁场、声波场等）的分析。

从线性分析向非线性分析（如材料为非线性、几何大变形导致的非线性、接触行为引起的边界条件非线性等）发展。从单一场的分析向几个场的耦合分析发展。出现了许多著名的分析软件，如：NASTRAN、I-DEAS、ANSYS、ADINA、SAP 系列、DYNA3D、ABAQUS、NIKE3D 与 WECAN 等。

③ 使用者多数为专家且集中在航空、航天、军事等几个领域。这些使用者往往在使用软件的同时进行软件的二次开发。

（3）20 世纪 90 年代——计算机仿真技术的成熟壮大阶段 CAD 经过三十几年的发展，经历了从线框 CAD 技术到曲面 CAD 技术，再到参数化技术，直到目前的变量化技术的发展历程，为仿真技术的推广应用打下了坚实的基础。这期间各 CAD 软件开发商一方面大力发展本身 CAD 软件的仿真功能，如世界排名前几位的 CAD 软件 CATIA、CADDS、UG 都增加了基本的仿真前后置处理及一般线性、模态分析功能，一方面通过并购另外的仿真软件来增加其软件的仿真能力，如 PTC 对 Rasna 的收购。

在 CAD 软件商大力增强其软件数值模拟功能的同时，各大分析软件也在向 CAD 靠拢。仿真软件发展商积极发展与各 CAD 软件的专用接口并增强软件的前后置处理能力。如 MSC/Nastran 在 1994 年收购了 Patran 作为自己的前后置处理软件，并先后开发了与 CATIA、UG 等 CAD 软件的数据接口。同样 ANSYS 也在大力发展其软件 ANSYS/Prepost 前后置处理功能。而 SDRC 公司利用 I-DEAS 自身 CAD 功能强大的优势，积极开发与别的设计软件的 CAD 模型传输接口，先后投放了 Pro/E to I-DEAS、CATIA to/from I-DEAS、UG to/from I-DEAS、CADDS4/5 Solid to/from I-DEAS 等专用接口；在此基础上再增强 I-DEAS 的前后置处理功能，以保证 CAD/仿真的相关性。

计算机数值仿真软件一方面与 CAD 软件紧密结合，另一方面扩展仿真本身的功能。MSC 先后通过开发、并购，目前旗下拥有十几个产品，如用于非线性瞬态动力问题的 MSC/Dytran 等。同时 ANSYS 也把其产品扩展为 ANSYS/Mechanical、ANSYS/Ls-DYNA、ANSYS/Prepost 等多个应用软件。而 SDRC 则在自己单一分析模型的基础上先后形成了耐用性、噪声与振动、优化与灵敏度、电子系统冷却、热分析等专项应用技术，并将有限元技术与实验技术有机地结合起来，开发了实验信号处理、试验与分析相关等分析能力。计算机数值仿真软件技术的发展给仿真的应用带来如下新特点：

① 应用领域越来越宽。仿真软件涉及军事、航空、航天、机械、电子、化工、汽车、生物医学、建筑、能源、计算机设备等各个领域。学科涉及固体力学、流体力学、电磁学、化学等学科。不仅应用范围发生了变化，而且软件的使用者也发生了巨大变化。使用者从分析专家转向设计者和设计工程师，从 20 世纪 70～80 年代的绝大多数使用者为分析专家转变到目前的设计者和设计工程师占多数。

计算机数值仿真软件应用范围的扩大及其使用者的变化，对仿真软件提出了新的要求：

首先，不仅要面向专家，同时也要面向广大设计者和设计工程师，即要求仿真软件从单纯的仿真走向 CAD/仿真一体化，在设计者可以用设计几何直接进行仿真分析的同时满足专家的分析需求。

其次，易于使用，稍微具备有限元常识的人即可参与分析工作。由于设计者、设计工程师与专家的知识背景不同，他们所承担的分析任务及分析流程也不同。要求设计者和设计工程师能直接利用设计几何进行设计性能的快速分析计算，设计者需要具备基本的分析基础知识和专业基础知识。设计者所完成的分析内容包括应力、声压、变形等分析，而要求分析专家对最终的设计性能进行准确的分析评估，需要具备某一方面的专门知识，所涉及的分析领域为失效、声音质量、振动等。

设计者、设计工程师与分析专家分析目标及所具备专业知识的不同造成分析流程的不同。设计者、设计工程师主要进行基于几何的有限元分析。这种分析流程保证了设计模型与分析模型的相关性，即设计模型修改将导致分析模型的修改，反之分析的优化结果将驱动设计模型的修改。对于分析专家，分析流程可以分解为：CAD→Pre/Post→仿真。若采用 CAD/仿真一体化的分析软件，则可以保证数据相关，减少数据传输带来的误差，仅需要掌握一套软件体系。反之，有可能需要用到三套不同的软件体系，随之产生的数据传输等方面的问题则可能会让使用者苦不堪言。

② 分析人员将主要时间和精力转向前后处理。如果把整个分析过程分解为前处理、求解、后处理，则前处理将包括建立几何模型、几何模型输出准备、整理输入几何模型、网格划分、定义边界条件载荷及约束。而求解和后处理相对简单。

图 1-9 为 1997 年 SDRC 公司对分析人员整个分析过程中各个阶段所占的时间百分比所做的调查结论。

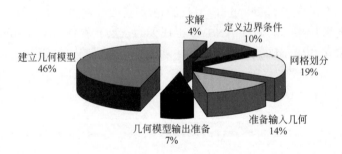

图 1-9　分析过程中各个阶段所占的时间百分比

如果说几年前为得到一个几千节点模型的模态分析结果，需要等待几个小时的话，那么目前相同节点模型的模态分析计算时间不到 5min。由图 1-9 可以看出，由于计算机硬件速度的提高以及分析软件计算方法的改进，求解时间仅占 4%。相比之下在整个分析过程中前处理（建立几何模型，准备输入几何模型，网格划分，定义边界条件）占用了 89% 的时间，后处理（几何模型输出）占用了 7% 的时间。

由此可见，目前影响分析效率的主要环节是前后置处理。解决的方法有：

a. 采用 CAD/仿真/CAM 一体化软件，解决大多数的分析任务。

b. 提高分析软件的前后置处理能力，压缩整个分析过程中前后置处理时间。

c. 采用同一有限元模型进行多种分析。

③ 现代产品开发环境对仿真的要求——单一有限元模型应用于多种分析求解。目前在

产品开发中，产品评估（PE）的概念已经开始广为人们接受。产品评估包含了大家熟知的仿真和计算机辅助物理样机测试 CAT，以计算力学技术与实验技术的综合来对产品进行双向的分析、全面的验证。它可贯穿于整个产品开发过程之中，从用户需求⇒概念设计⇒产品设计⇒产品及零件详细设计⇒工艺性分析⇒产品性能验证⇒生产维护的各个阶段，对产品进行有效的分析。显然，这种分析的结果是更客观、可靠的。这种产品的开发环境对仿真提出如下要求：

a. 短时间内建立有效的模型，减少反复时间并维持可靠度。

b. 多重并行评估，增加评估能力。

c. 产品评估过程的重叠及改善，信息交流结果解释及数据共享。

④ 计算机仿真技术发展的几个趋势：

a. 应用领域：目前应用范围扩大到军事、航空、航天、机械、电子、化工、汽车、生物医学、建筑、能源、计算机设备等各个领域；

b. 使用对象：已经从以专家为主转向普通设计者和开发工程师；

c. 软件功能：从单一仿真功能转向 CAD/仿真/CAM/CAT 一体化，尤其是设计/分析一体化；

d. 使用时机：仿真技术将会贯穿产品开发的每一个环节；

e. 专业融合：把分析仿真与试验 CAT 结合在一起使用，这是一种含义更为广泛的"广义仿真"技术，又称为产品评估；

f. 技术创新：变量化技术在 CAD 领域的成功应用将会扩展到分析领域，以实现变量化分析（Variational Analysis）。到那时，实时的、随意的多方案分析过程会使得仿真变得更加轻松自如、易学好用。

1.5 金属板料成形仿真软件——DYNAFORM 6.0 简介

1.5.1 DYNAFORM 6.0 软件

DYNAFORM 是由美国工程技术联合公司（Engineering Technology Associates Inc.）开发的一个基于 ANSYS-DYNA 的冲压成形模拟软件包。作为一款专业的仿真软件，DYNAFORM 综合了 ANSYS-DYNA971 强大的冲压成形分析功能以及自身强大的流线型前后处理功能。它主要应用于冲压成形工业中模具的设计和开发，可以帮助模具设计人员显著减少模具开发设计时间和试模周期。DYNAFORM 不但具有良好的易用性，而且包括了大量的智能化工具，可方便地求解各类冲压成形问题。同时 DYNAFORM 也最大限度地发挥了传统仿真技术的作用，减少了产品开发的成本和周期。

DYNAFORM 采用 ANSYS-DYNA 作为核心求解器。ANSYS-DYNA 作为世界上最著名的通用显式动力分析程序，能够模拟出真实世界的各种复杂问题，特别适合求解各种非线性的高速碰撞、爆炸和金属成形等非线性动力冲击问题。目前，ANSYS-DYNA 已经被应用到诸如汽车碰撞、乘员安全、水下爆炸及冲压成形等许多领域。

在冲压成形过程中模具开发周期的难点往往是对模具的设计周期很难把握。然而，DYNAFORM 恰恰解决了这个问题，它能够对整个模具开发过程进行模拟，因此也就大大减少了模具的调试时间，降低了生产高质量覆盖件和其他冲压件的成本，并且能够有效地模拟冲压成形过程中的四个主要工艺过程，包括：压边、拉延、回弹和多工步成形。这些模拟让工程师能够在设计周期的早期阶段对产品设计的可行性进行分析。

DYNAFORM 软件主要由三部分组成：前、后处理器和有限元求解器。

（1）主要特色

① 完备的前后处理功能，实现无文本编辑操作，所有操作在同一界面下进行，集成了操作环境，无需数据转换。

② 求解器采用 LS-DYNA 软件，它是动态非线性显式分析技术的创始者和领导者，可以解决最复杂的金属成形问题。

③ 工艺化的分析过程囊括影响工艺的 60 余个因素，以 DFE 模面设计模块为代表的多种工艺分析模块有良好的工艺界面，易学易用。

④ 固化了丰富的实际工程经验。

（2）设计思想

① 提供了良好的与 CAD 软件 IGES、VDA、DXF、UG 和 CATIA 等文件的接口，以及与 NASTRAN、IDEAS、MOLDFLOW 等仿真软件的专用接口，还有方便的几何模型修补功能。

② AutoSetup 功能的设置能够帮助用户快速地完成模型分析，大大提高了前处理的效率。

③ 模具网格自动划分与自动修补功能强大，网格自适应细分可以在不显著增加计算时间的前提下提高计算精度，用最少数量的单元最大限度地逼近模具型面。允许三角形和四边形网格混合划分，并可方便地进行网格修剪。

④ BSE（板料尺寸计算）模块，采用一步法求解器，可以方便地将制件展开，从而得到合理的坯料尺寸。

⑤ 与 LS-DYNA 相对应的方便易用的流水线式的模拟参数定义，包括自动接触描述、压边力预测、模具描述、边界条件定义以及模具和工件自动定位等功能。

⑥ 可以用设定速度、加速度、力和压力等多种方式进行工具运动的精确定义，而且通过模具动作预览，用户在提交分析之前可以检查所定义的工具动作是否正确。

⑦ DFE 模块中包含了一系列基于曲面的自动工具，如冲裁填补功能、冲压方向调整功能以及压料面与工艺面补充生成功能等，这些工具可以帮助模具设计工程师根据制件的几何形状直接进行模具设计。

⑧ 用等效拉延筋代替实际的拉延筋，实现了拉延筋定义的简化，大大节省计算时间，并可以使用户很方便地在有限元模型上修改拉延筋的尺寸及布置方式。

⑨ 通过成形极限图动态显示各单元的成形情况，如起皱及破裂等，通过三维动态等值线或云图显示应力应变、工件厚度变化和成形过程等，允许用户对工件的横截面进行剖分，可生成 JPG、AVI、MPEG 等图形图像文件，用于分析成形和回弹结果。

（3）通过 DYNAFORM 软件进行数值模拟的价值

① 缩短模具开发周期。在模具加工之前，通过预测设计和成形问题，可以将试模时间压缩到最短，几个小时的模拟工作可以节省现场数百小时的时间。

② 降低成本得到更大的利润空间。模拟工作缩短了制品的开发周期，提高了制品的设计质量，不仅可以预测造成极大成本浪费的设计缺陷，还可以节省昂贵的资源，如时间、人力和材料等。

③ 增加了设计的可靠度。模拟工作可以让设计者评估模具设计的合理性，从而节省了利用试模评估带来的极高成本。模拟工作允许用户试验更经济的设计方案，可以在连续模中减少工位，尝试替代材料；对缺乏经验的设计者来说，可以捕捉潜在的设计缺陷；对有经验的设计师来说可以尝试更具风险性的、更复杂的零件以及为非传统的模具设计提供了更大的自由度。而在这之前，这些开发工作都要花费几个月的时间。

目前 DYNAFORM 软件发布了最新的 DYNAFORM 6.0 软件包，它可以较好地预测覆盖件冲压成形过程中板料的破裂、起皱、减薄、划痕、回弹，评估板料的成形性能，从而为冲压成形工艺及模具设计提供帮助。

DYNAFORM 6.0 几乎可以运行于所有的 UNIX 工作站平台上，包括：DEC（Alpha）、HP、IBM、SUN 和 SGI，同时在 PC 上支持 Windows XP 及以上的版本。此外，DYNAFORM 6.0 还支持红帽 RHEL5 及以上版本。DYNAFORM 6.0 主要功能，具体阐述如下：

① 面向实际工艺的自动设置：包括预处理和各种分析设置模块。预处理功能帮助用户准备各种分析模型的工具。冲压成形模块可以进行冲压成形分析的各种设置，主要包括：激光拼焊板设置、层压板设置、热分析设置、板料液压成形设置以及多工步分析设置等。管材成形模块可以进行管材的内高压成形设置。弯管模拟模块可以对管材进行多步弯曲成形模拟。卷边模拟模块是对机器人卷边工艺的模拟设置。超塑性成形模块针对超塑性材料的气压胀形模拟提供了快速的设置界面。

② 坯料生成器：坯料生成器用来生成成形分析所需要的坯料。允许用户导入利用外部工具软件生成的坯料曲面或坯料轮廓线，也可以直接导入 BSE 模块生成的坯料轮廓线。同时，坯料生成器也提供了强大的坯料轮廓线的生成和编辑功能，用户可以方便地绘制坯料轮廓线并对轮廓线进行修改。坯料生成器还提供了多种网格生成工具，用来生成满足不同分析需要的坯料网格，包括壳单元、厚壳单元和实体单元等，可以方便、快捷地定义和编辑拼焊板、工艺孔。坯料生成器集成了曲线、曲面和网格工具，极大地满足了成形分析坯料的设计。

③ 拉延筋模块：拉延筋模块，包括等效拉延筋和真实拉延筋设置。根据等效拉延筋的压边力，DYNAFORM 提供等效筋转换成真实筋的关联数据模型，可以把等效筋自动转换为真实拉延筋。在等效拉延筋设置界面，用户可以通过选择、导入以及创建的方式定义拉延筋曲线，可以通过四种方式定义拉延筋的锁定阻力，其中通过几何截面形状计算拉延筋阻力的方式非常方便，定义的截面形状与真实拉延筋相关联，等效拉延筋设置信息可以导入导出，使用方便。定义等效拉延筋的所有操作，包括拉延筋属性定义、拉延筋修改、投影等功能，都非常方便易用。真实拉延筋用于根据定义的截面形状创建真实的拉延筋网格。真实拉延筋会自动读取等效拉延筋的信息用于创建真实的网格模型，当然用户也可以直接导入曲线定义真实拉延筋。真实拉延筋在生成网格模型的同时能够生成高质量的曲面。

④ 增强的坯料工程模块：坯料工程模块用来生成坯料轮廓线、产品修边线以及对坯料进行排样，为用户提供了更为简洁、更易操作的用户界面。改进的一步法求解器，使用户在快速、精确预测坯料尺寸的同时，在设计阶段就可以评估零件的成形性能，并在求解后给出产品的成形性报告。产品修边线的求解能够快读得到复杂零件的修边线。增强的排样功能，对

排样结果进行了优化，对于一些复杂的零件，程序自动排样计算得到的结果更加符合实际，同时使材料利用率更高。批量展料和批量排样模块，方便用户对多个零件进行快速批量处理，并提供了输出报告的功能。

1.5.2　DYNAFORM 6.0 基本模块

1.5.2.1　坯料工程（BSE）模块

坯料工程（BSE）模块是 DYNAFORM 6.0 的一个子模块，同时也可以作为一个独立模块单独运行。其中包括了快速求解功能，用户可以在很短的时间内对产品完成可成形性分析，并在求解后给出产品的成形性报告，大大缩短了计算时间。此外，BSE 模块还可以用来快速及精确预测毛坯的尺寸和帮助改善毛坯外形。如图 1-10 所示，坯料（BSE）模块，包括：轮廓线和成形性、排样、多条线排样、展修边线等子菜单。

图 1-10　坯料工程菜单

图 1-11　轮廓线和成形性界面

每个子菜单及其相应功能，详细阐述如下：

（1）轮廓线和成形性　在 DYNAFORM 6.0 中选择轮廓线和成形性之后，用户进入如图 1-11 所示的对话框，该模块允许用户对单一零件进行一步法展料及快速成形性分析。

该模块包含一步法求解器。该求解器是 ETA 公司开发的一种改进的一步法求解器。它为用户提供了一种获得更加精确结果的选项。此选项通过对计算过程反复迭代而得到比较精确的结果，但是因此也会导致计算时间比传统的计算时间稍微要长一些。一步法求解器主要在零件设计的初期阶段，用于快速获得产品成形性分析的评估以及估算零件的初始轮廓。

（2）排样　此功能模块允许用户对原始板坯或计算得到的坯料轮廓线进行排样操作如图 1-12 所示。其中讲排样分为卷料、平板料以及级进模。排样形式包含单排、双排、对排、镜像、混合等多种形式，可满足大部分排样用户的需求。

（3）多条线排样　BSE 支持 3 线混合，且支持一出四功能。可对单一曲线进行混合 4 排，这在目前行业中是独有功能。

（4）展修边线　计算修边线求解器是 ETA 公司最新开发的一种用于快速求解修边线的一步法求解器。用户界面直观、友好，如图 1-13 所示。

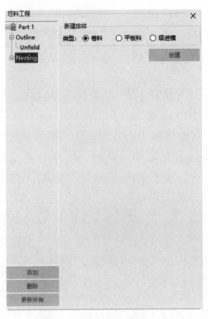

图 1-12　排样对话框

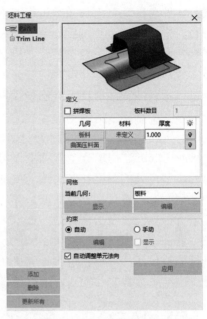

图 1-13　修边线设置对话框

1.5.2.2　成形仿真（FS）模块

DYNAFORM 6.0 软件系统结构，主要包括：前置处理模块、提交求解器进行求解计算的分析模块及后置处理模块三大部分。前置处理模块主要完成典型冲压成形仿真分析 FEM 模型的生成与输入文件的准备工作；求解器进行相应的有限元分析计算；求解器计算出的结果由后置处理模块进行处理，预测成形过程中的缺陷，分析缺陷产生的原因，协助专业技术人员进行模具设计及工艺控制研究。

板料冲压成形过程仿真分析流程，如图 1-14 所示。运用 DYNAFORM 6.0 软件进行板料冲压成形仿真分析，一般可分为以下五个步骤：

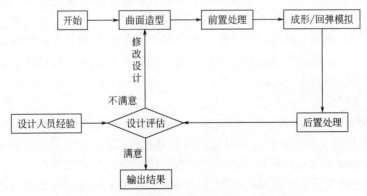

图 1-14　板料冲压成形的仿真分析一般步骤

（1）**建立仿真分析的几何模型**　即在仿真软件（例如：ETA/DYNAFORM、PAM-STAMP、MARC 等软件）中建立模具、压边圈和初始零件的曲面模型。曲面模型可以通过 CAD 软件造型生成。如可以通过 UG、PRO/E、AUTOCAD、CATIA 等专业 CAD 软件进行曲面造型。

（2）**进行仿真分析的前置处理**　通过 ETA/DYNAFORM 软件对建立的各个曲面模型进行前置处理：软件会自动对工具曲线进行网格划分（数值可更改）。然后，定义毛坯及相关力学性能参数，定义成形工具，例如凹、凸模和压边圈，拉深筋等，以及各种相关成形参数：相关的接触参数（如摩擦系数等），工模具的运动曲线以及载荷压力的曲线等。确定好所有成形分析参数后就可以启动计算器进行分析计算。

（3）**进行板料冲压成形模拟或回弹模拟**　在进行分析计算后，读取计算数据结果，以不同的方式显示各个目标参数随动模行程的改变而改变的情况。

（4）**进行仿真分析的后置处理**　DYNAFORM 6.0 软件的后置处理模块可根据计算机计算的结果对板料冲压成形过程进行全程动态模拟演示。技术人员可以选择云图或等高线方式观察工件的单元、节点处的厚度、应力或应变的变化情况。此外还可以采用截面剖切面方式得到要求的特殊截面，观察目标参数情况，并可以输出结果数据文件。

（5）**进行模具设计及工艺评估**　技术人员根据专业知识和实际的生产经验对整个仿真分析结果进行评估。如果对分析结果不满意，就必须对工艺参数和已经设计好的模具结构或加工工艺进行调整设计，再重新进行计算机仿真，直至得到较为满意的结果为止。最后将已经获得的满意的结果数据文件输出，用以进行实际的模具制造以及加工工艺的制定。

1.5.3　DYNAFORM 6.0 的主要功能模块

（1）**成形模拟模块**　成形模拟模块为冲压成形工艺中存在的问题提供了一套完整的解决方案。各种板料类型为用户提供了快速生成板料的方法。它支持定义拼焊板、层压板成形和拼缝板，提供了丰富的材料库。默认的工艺参数使用户更容易完成实际工艺的设置。用户只需简单定义用于分析和计算的材料和工艺参数，极大地简化了分析过程。

成形模拟模块包括几何管理器和冲压成形应用。几何管理器用于为分析模型准备必要的工具；冲压成形则用于完成冲压成形分析的各种设置，包括拼焊板设置、层压板设置、热分析设置、板料液压成形设置以及多工步成形设置等。

冲压成形模块中的多工步成形选项为工程问题提供了一套完整的解决方案。它用于充分完成冲压成形界面范围内的多工步设置并提交计算。在多工步仿真更新中，用户将发现友好的用户界面、简洁的设计风格和全面的功能。本模块面向工艺，易于用户设置各种仿真类型。

冲压成形应用中增强的材料库允许用户将各种材料库添加到 DYNAFORM 6.0 中。

（2）**结果评价**　本应用快速处理冲压成形仿真的后处理结果，包括应力、应变、能量、位移及时间历史曲线图的实时动画。它完全动态的内存分配优化了系统资源，允许对超大冲压仿真模型进行流线型和光顺处理。

（3）**ETA 报告**　ETA 报告（ETA Report）应用通过在 Microsoft Office 的 PowerPoint 和 Excel 格式中使用预定义报告模板，自动生成成形性仿真报告。

它是 PowerPoint 和 Excel 环境下的一个插件，用于自动创建成形性仿真报告。可自动更新仿真报告；可通过查看最严重结果视图（MOST SEVERE）选项自动显示最严重的结果；可手动将局部区域结果收录在报告中；插件可用于 PowerPoint 和 Excel 2007、2010、2013、

2016 和 2019 版本。

（4）**任务提交器** 任务提交器（Job Submitter）允许用户满足多重成形性仿真任务。用户可实时查看成形性仿真的状态。它是一个多用户、单任务软件，意味着不同的用户仅能打开一个用户界面。用户可使用 DYNAFORM 的任务提交器，或在 DYNAFORM+的程序群中直接打开任务提交器，可通过 Windows 和 Linux 操作系统执行。

任务提交器支持的求解器包括：LS-DYNA、Utility Batch 和 MSTEP，支持单精度和双精度 LS-DYNA 求解器。同时还支持 MPP，通过使用多处理器内核加速成形性仿真。使用双精度 LS-DYNA 求解器用于板料重力和回弹分析的计算。Utility Batch 求解器用于修边、冲孔、工艺切口和退火工艺流程。MSTEP 求解器用于估算板料尺寸、产品的修边线及执行快速成形性分析。

任务提交器还用于在多工步成形分析中自动定位工具和板料。这一特性减少了工具的行程距离，避免了工具和板料之间的初始渗透。

（5）**主要改进功能**

•根据用户的反馈，调整了菜单栏的图标布置。

•FS 模块支持坯料轮廓线、修边线优化。

•FS 模块支持自动、手动回弹补偿。

•回弹补偿中增加最佳匹配功能。

•支持通过选取坐标系方式来定义 CAM 的方向。

•坯料生成器中，支持通过 Disk 网格划分方法生成坯料网格。

•对复合材料成形，支持 Lobatto 积分法则。

•支持*define_curve_smooth 关键字。

•改进了拉深筋 box 的定义。

•改进了局部自适应细分定义功能。

•支持 LS-DYNA 关键字手动修改。

•修边工序中，支持自动查找种子点。

•支持通过选取圆角面来计算坯料网格大小。

•支持封闭曲线刺破（Lance）。

•支持修改工步的 ID。

•增加工具体透明显示功能。

•BSE 模块支持多行排样。

•BSE 模块支持 Assembly BSE，可自动对冲压装配件进行展料与排样。

•BSE 模块改进了排样结果。

•BSE 模块支持定义卷料或平板料的最小、最大宽度。

•BSE 模块支持生成补丁板件的排样结果。

•支持多种单位系统设置。

•支持在 Linux 系统下提交计算。

•几何管理器增加偏置曲面、旋转曲面、扫掠曲面、桥接曲线、延伸曲线等几何处理功能，修复了前面版本中某些中面生成时出错的问题。

•几何管理器支持偏差检查。

•几何管理器支持输出 STL 格式的单元数据。

- 完善截面剖切功能。
- 后处理支持在冲压坐标系下查看成形结果。
- 后处理支持录制、输出结果动画。
- 后处理支持创建边界线。
- 后处理增加边界拉伸功能。
- 后处理中，当切换到其他等值线云图显示时，允许固定住当前帧。
- 后处理中，当执行成形工序操作时，允许自动隐藏重力工序中的工具体。
- ETA Report 支持同时显示 d3plot 与 idx 成形结果。
- ETA Report 支持显示由 BSE 中生成得到的 dynain 文件。

金属冲压成形仿真及应用
——基于 DYNAFORM

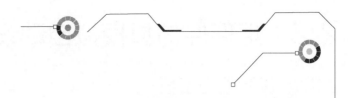

第2章
矩形件拉深成形仿真试验及优化分析

本章主要针对一种典型的矩形件进行相应的拉深成形模拟及工艺参数优化。该零件是一个轴对称且带凸缘的常见零件。零件结构简单,材料流动均匀,是 CAE 初学者熟悉 DYNAFORM 6.0 软件的一个较好的实操训练实例。

2.1 矩形件特性分析及工艺简介

本章的矩形件是典型的轴对称薄板拉深冲压件,在生活中类似的产品或零件很常见,如图 2-1 所示。

该类零件在拉深过程中,由于凸缘变形区域周边的应变分布不均匀,且该不均匀性与矩形件的几何尺寸、板材形状、拉深条件及润滑等有较大关联,所以在成形时要综合考虑上述关联因素对该零件的影响。

基于上述工艺分析,该零件的工艺步骤大致分为落料、拉深、压边和整形等。本章只针对拉深工步进行成形仿真和优化分析。以零件外表面为参考,创建上模面及其他相应工具,上模参考面如图 2-2 所示。

图 2-1　日常生活中拉深件

图 2-2　上模参考面

2.2 矩形件仿真模拟自动设置

2.2.1 新建模型工程

为了更好地对背景颜色进行选择，启动 DYNAFORM 6.0，可选择菜单栏"项目"命令，如图 2-3 的界面，单击"选项"按钮，出现"选项中心"对话框，单击"显示"下面的"背景/前景"，在"名称"的下拉菜单进行设置，将背景色调成白色或者其他颜色，如图 2-3 进行白色背景色的设置，之后单击"应用""确定"返回选择菜单栏"项目"命令，即按照图 2-3 中的步骤 1—6 进行。单击"新建项目"按钮，出现如图 2-4 的启动软件系统界面，给"新建项目"进行工程命名和工作目录的设定，这里工程命名为"jxj"，速度、时间和力的单位为默认软件设置，分别是 mm/s、s 和 T。选定 "板料成形"按钮，再点击"确定"按钮，完成工程的新建，即按照图 2-4 的步骤进行。此时系统弹出主界面，出现图 2-5 的"新建板料成形"对话框，按照步骤 1、2 与 3 进行，完成"新建板料成形"对话框的设置。

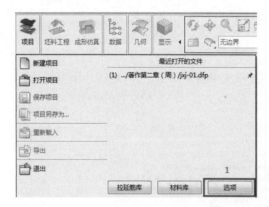
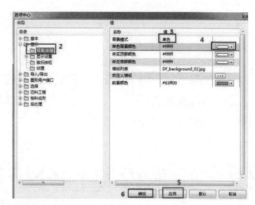

图 2-3　白色背景设置

图 2-4　工程的命名与工作目录的设定

图 2-5　新建板料成形对话框

在 DYNAFORM 6.0 里面，对于新建板料成形的工艺提供以下几种设计：
①无压边成形；②单动成形；③单动带压料板成形；④双动成形；⑤翻边；⑥修边；⑦重力加载；⑧回弹；⑨压边成形等，如图 2-6 所示。

金属冲压成形仿真及应用
——基于 DYNAFORM

同时，在 DYNAFORM 6.0 软件中对于板料工艺规划提供以下 4 种方案：①重力加载+单动；②单动+修边；③单动+修边+回弹；④单动+修边+翻边+回弹。如图 2-7 所示。

 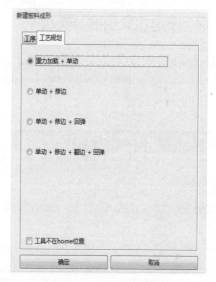

图 2-6　板料工序设计　　　　　　　　　　　　图 2-7　板料工艺规划

本章选用单动成形自动设置，单动压力机工作原理图如图 2-8 所示。

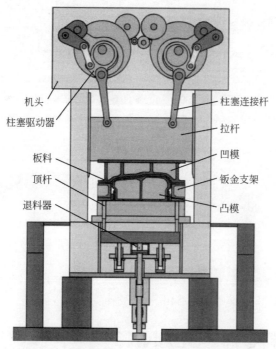

图 2-8　单动压力机

单动压力机工作原理：单动压力机机床由上平台和凸轮机构（一个滑块）相连。成形过程为上模（凹模）下行，与压边圈压住板料，压边靠顶杆施加，当压住板料后，上模与压边圈一同下行，直至闭合。它具有节省能耗、大大减少工艺的优点，在实际生产中应用广泛，所以根据零件的特点，本次选择单动拉深压力机。

2.2.2　模型文件的导入

选择菜单栏"几何"会出现"导入"对话框，其他默认系统的缺省设置，如图 2-9 所示，单击"导入"出现模型文件对话框，如图 2-10，选定模型文件"DIE.igs"和"BLANK.igs"，从而模型文件完成导入。

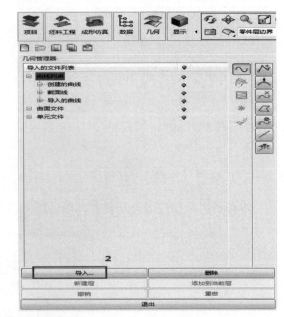

图 2-9　几何零件导入对话框

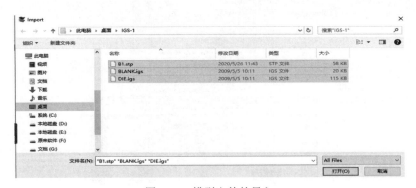

图 2-10　模型文件的导入

2.2.3　定义板料零件"BLANK"

经过模型零件导入之后，出现如图 2-11 所示的"几何管理器"对话框，在"曲面文件"下面会出现导入的模型零件"B1.stp"名称，在主界面会出现板料模型的视图，点击"退出"选项卡，退回到"板料成形"对话框的界面，点击"Blank"按钮，进入图 2-12 的板坯定义对话框的界面。这里选择定义板坯为"曲面"，点击"添加板料…"按钮，进入如图 2-13 所示的工作主界面，把主界面左上角的"Die"进行隐藏，让"Blank"处于当前的零件层，按照图 2-13 的步骤 1—3 进行选定设置，选中之后"Blank"会出现绿色高亮，说明选中，点击"包括"选项卡退回到"板料成形"对话框的界面，点击"材料"下的"未定义"选项卡进入图 2-14 的材料库定义框，这里选择美国标准下"DQSK"材料和"材料模型"为"3-Parameter_Barlat's 89"，按照步骤 1—4 进行，选定 DQSK 材料之后点击"确定"选项卡完成板坯材料的设置，在新建板料成形中点击"厚度"栏设置厚度为 0.8mm，选择下面的"网格尺寸"按钮设置为 3mm，如图 2-15 所示的厚度对话框，点击"显示"选项卡查看板坯网格划分情况，如图 2-16，点击"应用"完成厚度及网格划分设置，其他保持系统缺省设置，至此板料的初始定义已经完成。

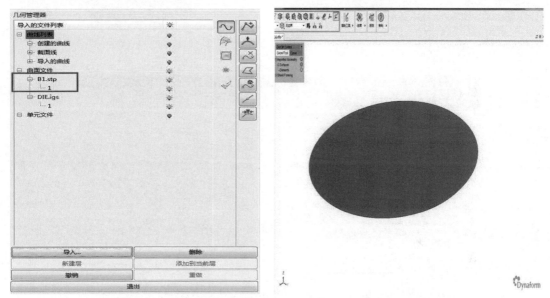

图 2-11　板料的"几何管理器"对话框

图 2-12　定义"Blank"对话框

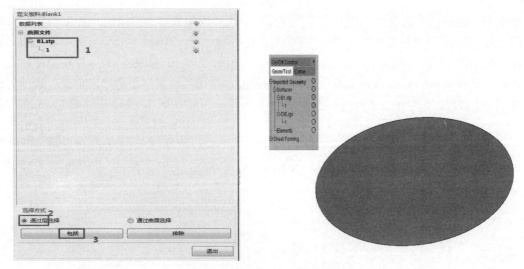

图 2-13 "Blank"置于当前零件层

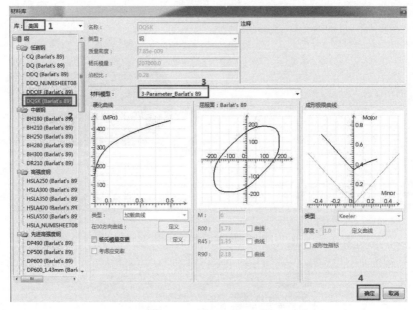

图 2-14 "材料库"对话框

应力 σ_{ij} 满足一定条件让材料开始屈服产生塑性变形的条件称为屈服准则（塑性条件）。对于不同属性的材料对应的屈服准则不同，这里做一个整体的概述。目前描述各向同性的材料应用较广的屈服准则是 Tresca 和 Mises 屈服条件。对于板料成形来说，材料表现各向异性较多，描述各向异性材料的屈服条件中，应用较多的有 Hill 屈服准则和 Barlat 屈服准则。

（1）各向同性材料的屈服准则

① 当材料处于塑性状态时，其最大切应力是一个不变的定值，其值只取决于材料在变形条件下的性质，而与应力状态无关。故 Tresca 屈服准则又称为最大切应力不变条件，该条件下若知道主应力的大小顺序，应用起来简单方便，但没有考虑中间应力和静水压力对材料屈服的影响。

图 2-15　板坯"厚度"对话框

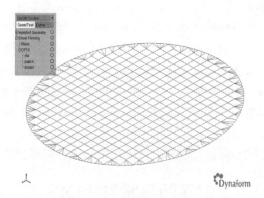

图 2-16　"板料 Blank"的网格划分

② 当材料的单位体积形状改变的弹性能达到某一常数时，质点就发生屈服。故 Mises 屈服准则又称为能量准则，该条件考虑了主应力对屈服和破坏的影响，简单实用，材料参数少，易于试验测定，利于塑性应变增量方向的确定和数值计算，未考虑静水压力对屈服的影响。

③ 大量的试验表明一般的韧性金属与 Mises 条件匹配较好，但对退火软钢具有上屈服点的材料，与 Tresca 准则符合得更好。两个准则主要是对金属材料成立的两个屈服条件，不适合用在岩石、土和混凝土等一类的材料，而做板材成形的材料大部分是各向异性材料，因此材料模型不适用以上两个准则，而且 DYNAFORM 6.0 材料库没有对这两个准则嵌入，这里只是延伸对塑性条件的简单说明。

（2）各向异性材料的屈服准则

① Hill（1948）二次屈服准则，被广泛用于描述板料平面各向异性。因该屈服准则具有良好的理论基础且计算简单，从而被大量用于板料成形的有限元（FEM）模拟，特别适用于钢板的成形，但该准则不能描述一些材料的"反常"行为（板材厚向异形系数 $r<1$），不适于铝合金材料。

② Barlat 屈服准则有 Barlat89、Barlat91 和 Barlat97 等准则。该屈服准则适用于平面应力状态，可以更精确描述钢板的屈服行为，特别是三参数各向异性屈服准则 Barlat89，它的屈服面与按晶体学为基础测得的屈服面一致，该模型可以用于铝合金型材的仿真计算。对于一般钢材可以使用六参数屈服准则 Barlat91，它适用于通用的三维弹塑性有限元分析。此外，还有 Barlat97 改进的屈服准则，该准则更加适用于各向异性板料成形过程的模拟。该屈服准则采用单向拉深屈服应力和 r 值作为输入参数，从而改善了对钢板的各向异性的描述。

③ 诸多试验表明 Hill（1948）二次屈服准则与低碳铝镇静钢板的屈服试验数据结果吻合度更好，对于高强度钢板、铝合金或其他材质的冲压板材，需要使用其他相关类型的屈服准则预测它们的失稳极限应变；对于 DP1000 以上先进的高强度钢，采用 Barlat 屈服准则预测效果优于 Hill 准则；对于单向拉深，Hill48 与 Barlat89 屈服准则预测结果基本一致；对于板材厚向异性系数小于 1 的冲压成形，Barlat89 材料模型能够获得更好的计算结果，而对于板材厚向异性系数大于 1 的冲压成形，Hill 与 Barlat 两个材料模型都能获得正确的结果；在分

别进行回弹模拟过程中，基于 Barlat89 屈服准则得到的回弹结果和试验结果都比较接近实际的情况。综上所述：目前 Barlat89 屈服准则在汽车覆盖件的成形中是一种理想的材料模型；针对软钢材料（$\sigma_b < 340\text{MPa}$），推荐使用 Hill（1948）屈服模型；针对高强钢、铝材等材料（$\sigma_b > 340\text{MPa}$），推荐采用 Barlat89 屈服材料模型。

本章选用美国标准的 DQSK 材料，DYNAFORM 支持四种类型的通用材料库，包括美国、欧洲、中国和日本。DYNAFORM 6.0 系统关于材料库默认有 Hill（1948）模型和 Barlat89 两种模型，若读者需要对软件自身添加材料模型和有关参数，可以对图 2-14 的材料库中"读者定义"进行设计，这里不做具体的阐述，第 5 章对材料定义准则进一步解释。

综上所述，本章模拟试验中的"材料模型"选择为"3-Parameter_Barlat's 89"。

2.2.4 定义凹模零件"DIE"

在图 2-12 的"板料成形"对话框中点击"Upper Tool"选项卡中的"die"按钮，工模具位置置于板料之上，点击"定义…"按钮，如图 2-17 所示，即弹出"定义几何 die"对话框，点击数据列表下面的"曲面文件"下面的"DIE.igs"按钮，可以将主界面左上角小绿点的"Blank"进行隐藏，将"DIE"置于当前零件层，如图 2-18，零件"DIE"呈绿色高亮显示，点击"确定"，die 立即变成灰色，表明"DIE"选中，按照图中步骤可调节视图的观察角度，依次点击"包括""退出"按钮，系统返回到图 2-17 的界面。然后点击几何定义的"编辑…"按钮，出现网格编辑对话框，点击网格 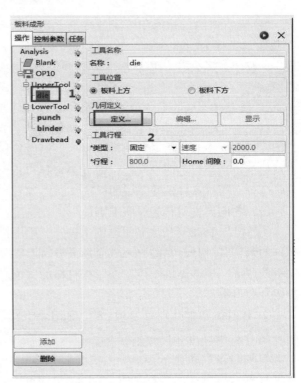 "工具网格划分"按钮，弹出"工具网格划分"对话框，如图 2-19 设置相应参数（建立的 die 最大网格尺寸为5mm，其他几何尺寸保持缺省值），在新的对话框中依次点击"应用"按钮、"关闭"按钮。

图 2-17 "几何定义"对话框

对凹模进行网格检查，点击 "边界显示"按钮可以看到凹模周围一圈黑色亮线，点击菜单栏中 "清除高亮显示"可以擦除亮线；如图 2-20 边界检查，可以通过工具栏"俯视图"查看。点击"检查"中的"平面法向"按钮，选择零件"DIE"凸缘面，弹出如图 2-21 中所示的对话框，点击"选择参考单元[1]"按钮确定法线的方向（法线方向的设置总是指向工具与坯料的接触面方向，调整方向点击"调整"按钮）。点击"关闭"按钮完成网格法线方向的检查。点击"退出"按钮退出"板料成形"对话框，至此 die 的设置完毕，可以看到die 原先标红变成黑色。

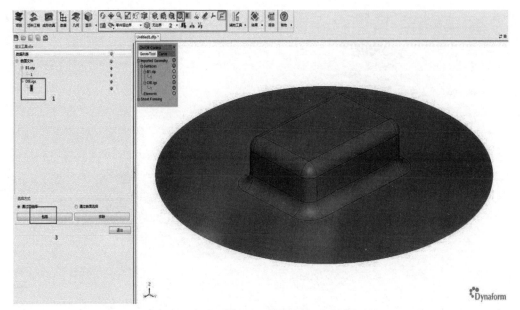

图 2-18　定义凹模

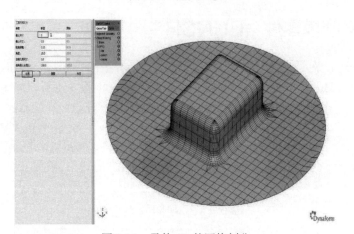

图 2-19　零件 die 的网格划分

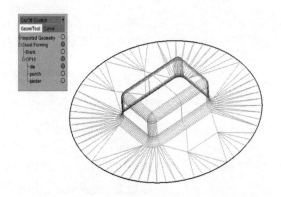

图 2-20　对零件"die"进行边界检查

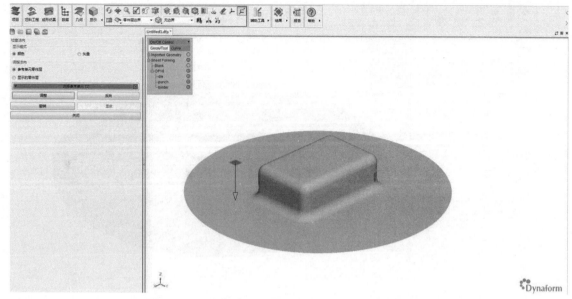

图 2-21 对零件"die"进行网格法线方向检查

2.2.5 定义凸模零件"PUNCH"

在"板料成形"的对话框中点击"Lower Tool"选项卡中的"punch"按钮,点击"定义…"按钮,即弹出"几何定义:punch"对话框,按照步骤 1 至步骤 3 进行,如图 2-22,继续将主

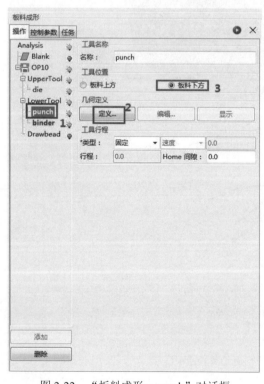

图 2-22 "板料成形:punch"对话框

界面左上角小绿点的"Blank"进行隐藏,工具位置置于板料下方,将"DIE"置于当前零件层,零件"DIE"呈绿色高亮显示,表明"DIE"选中,按照图 2-23 中步骤进行凸模的复制定义,复制后如图 2-24 的凸模成灰色高亮,可调节视图的观察角度,点击"退出"按钮,退回到图 2-22 的界面。点击"punch"选项卡中的"编辑…"按钮,然后选择 🔲 "工具网格划分"按钮,弹出"工具网格划分"对话框,设置参数(建立的最大网格尺寸为 5mm,其他几何尺寸保持缺省值),凸模网格划分设置如图 2-25,在新的对话框中依次点击"应用"按钮、"关闭"按钮。

对凸模进行网格检查,在主界面左上角"Geom/Tool"中点击小绿点"Blank"按钮,关闭"BLANK"与"DIE",打开"PUNCH",点击 🔲 "边界显示"按钮可以看到凸模周围一圈黑色亮线,点击菜单栏中"清除高亮显示"可以擦除亮线,如图 2-26 边界检查,可以通过工具栏"俯视图"查看。点击"网格检查"中

的"平面法向"按钮，选择零件"punch"盒底，弹出如图 2-27 所示的对话框，点击"选择参考单元"下"反向"按钮确定法线的方向（法线方向的设置总是指向工具与坯料的接触面方向）。点击"关闭"按钮完成网格法线方向的检查。点击"退出"按钮返回到"板料成形"对话框，凸模的定义到此结束。

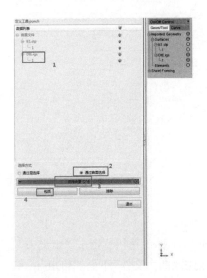
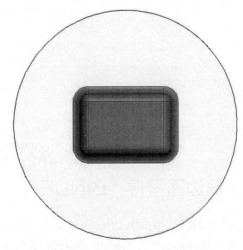

图 2-23　凸模的复制定义

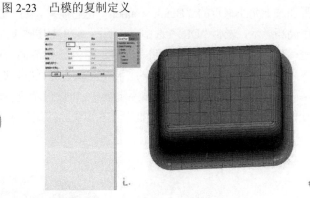

图 2-24　凸模的主页面　　　　　　　　　图 2-25　凸模网格的划分

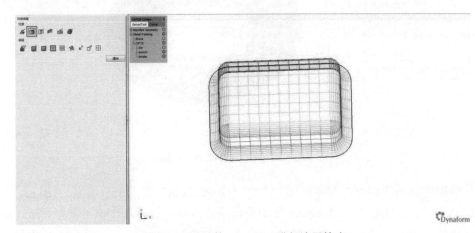

图 2-26　对零件"punch"进行边界检查

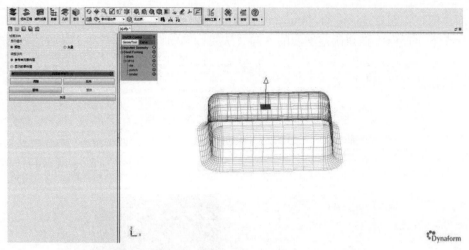

图 2-27 对零件"punch"进行网格法线方向检查

2.2.6 定义压边圈零件"BINDER"

在"板料成形"的对话框中点击"Lower Tool"选项卡中的"binder"按钮，点击"定义…"按钮，即弹出"几何定义：binder"对话框，工具位置在板料下方，点击"曲面文件"下面的"DIE.igs"将主界面左上角小绿点的"Blank、punch"进行隐藏，将"DIE"置于当前零件层，零件"DIE"呈绿色高亮显示，表明"DIE"选中，按照图 2-28 中步骤 1、2、3 进行压边圈的复制定义，可调节视图进行观察，点击"退出"按钮，退回到图 2-22 的界面。点击"binder"选项卡中的"退出"按钮，然后点击"显示""编辑"进入"网格编辑"对话框，选择"工具网格划分"按钮，弹出"工具网格划分"对话框，如图 2-29 按照步骤 1、2 设置参数（建立的最大网格尺寸为 5mm，其他几何尺寸保持缺省值），在新的对话框中依次点击"应用"按钮、"关闭"按钮。

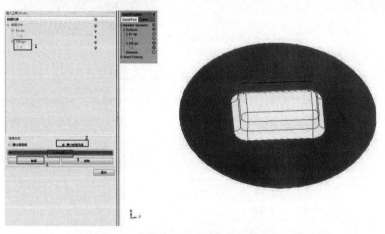

图 2-28 "定义几何：binder"对话框

对压边圈进行网格检查，在主界面左上角"Geom/Tool"中点击小绿点 "Blank"按钮，关闭"BLANK"与"DIE"，让 binder 置于当前层，点击"边界"按钮可以看到压边圈周围一圈黑色亮线，点击菜单栏中 "清除高亮显示"可以擦除亮线，如图 2-30 边界检查，可

以通过工具栏 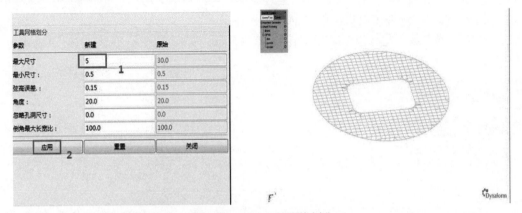 "俯视图"查看。点击"网格编辑"下"检查"中的"平面法向"按钮，选择零件"binder"四周凸缘面，点击"反向"按钮确定法线的方向（法线方向的设置总是指向工具与坯料的接触面方向）。点击"关闭"按钮完成网格法线方向的检查。点击"退出"按钮返回至"板料成形"对话框。如图 2-31，完成压边圈的定义。

图 2-29　Binder 的网格划分

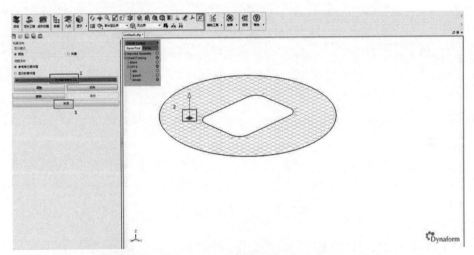

图 2-30　对零件"Binder"进行网格法线方向及边界检查

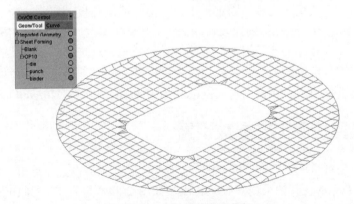

图 2-31　完成压边圈定义

2.2.7 工模具初始定位设置

在"板料成形"对话框中点击"OP10"按钮，由于自动设置下工模具在系统已经完成初始定位，若要修改，点击"OP10"选项卡，选择"成形运动"对话框"行程"和点击"binder"选项卡的"行程"对话框可以对运动行程进行修改，原系统默认的是 800 和 320，具体可以根据工艺情况选定，选择工具栏中的"前视图"按钮 及"全屏" 来调整好视角，设置成 2-32 所示的参数，此时将 Blank、Punch 零件打开，如图 2-33 所示，完成了工模具初始定位设置并及时保存好文件。

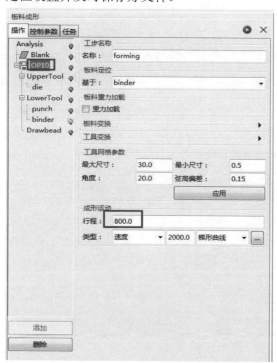
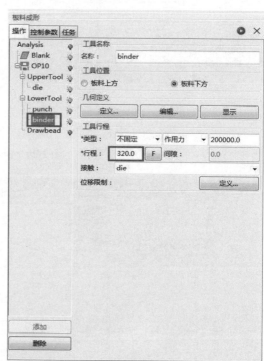

图 2-32　工模具的行程设置

① 对于模具的运动，通常采用速度控制作为主动控制。

② DYNAFORM 6.0 系统提供两种工模具安装类型：固定（Fixed）和非固定式（Unfixed）。固定工具是指安装在上滑块或支模具固定板上，与滑块或固定板一起移动的工具。单动冲压成形时，模具行程默认为 800mm，固定板不动，凹模安装在固定板上，所以凹模也固定不动。即对于单动成形，模具和冲头都是固定类型的工具。对于移动工具，工模具速度在成形时加以定义。不固定工模具可以由力、弹簧或速度控制，即力与时间曲线、力与位移曲线或速度与时间曲线等。这里采用凸、凹模固定（Fixed）和压边圈不固定（Unfixed）形式运动。

2.2.8 工模具拉深工艺参数设置

在"板料成形"对话框中点击"binder"选项卡，进行压边设置，点击"作用力"按钮，这里设为压边力 20000N，其他采用系统缺省值，如图 2-34，再点击"OP10"按钮，让模具压边及成形运动速度为 2000mm/s，如图 2-34 所示进行相应参数设置，完成了拉深工艺参数的设置。模具的运动由当前阶段的速度曲线控制。速度曲线由 DYNAFORM 6.0 提供的几种标准类型定义：梯形、正弦、带平台的正弦和三角形，读者可以在所选工具成形类型的数据输入字段中输入峰值速度，大量试验表明梯形速度加载曲线可使成形质量更好，因此选择梯形速度加载曲线，系统默认速度设置为 2000mm/s。

图 2-33　工模具的初始定位

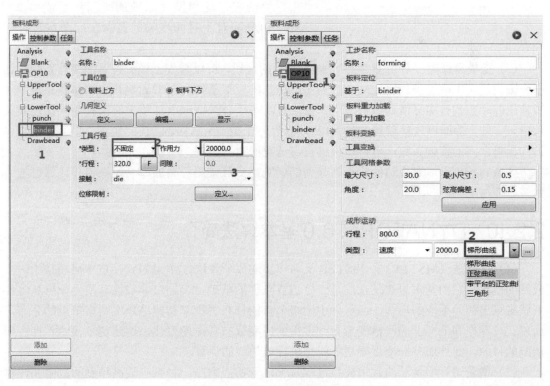

图 2-34　拉深工艺参数的设置

2.2.9 Control 菜单控制说明

在如图 2-34 所示的"板料成形"对话框点击"控制参数"选项卡，弹出如图 2-35 所示的"控制参数"对话框，可提供特定于不同技术类型的不同控制参数。

图 2-35 "控制参数"对话框

（1）细化网格 利用"重划分网格"的功能，该网格细分功能可以全面细化网格的参数，但此选项不适用于厚壳和实体。点击图 2-35 中框 3 所示的按钮，根据毛坯边缘长度调整的最小单元尺寸，系统默认值为 1.0mm，该值为自适应网格自动划分的第 4 等级，自适应网格的划分是指 LSDYNA 求解器在计算时，由于某些区域的应力应变情况复杂，变化剧烈，原始的网格大小可能无法表达变形的变化，需要更细化的网格，因此，软件会根据读者设定的自适应划分等级来自动细化网格，细化后的网格呈几何倍缩小，视具体情况而定。

（2）通用参数 点击图 2-35 中框 4 所示的按钮可以看到时间步长对话框，读者可以选择软件原有的默认值，也可以选择重新计算的值，这里默认系统的时间步长值 -1.2×10^{-6}s，对于时间步长的概念在后面章节有详细介绍。

（3）工模具摩擦 点击图 2-35 中框 5 所示的按钮，可以看到工模具接触的摩擦系数对话框，因为现实中摩擦条件比较复杂，为了有理想的模拟条件，在 DYNAFORM 6.0 系统中一般使用静摩擦代替实际滑动或者滚动摩擦，所以进行 DYNAFORM 模拟时所得结果比现实条件更差一些，静摩擦软件默认的是 0.125，读者可以在"工具接触"的"类型"里面指定工模具和板料之间的接触系数，也可以根据自身情况而定。

摩擦力的大小，对板料的成形有显著的影响，一般采用经典的库仑摩擦定律计算摩擦力比较方便与准确。

2.2.10 DYNAFORM 6.0 基本算法简介

（1）一步法（MSTEP） MSTEP 又名一步逆成形算法，作为 DYNAFORM 6.0 中一个成熟的模块，它的基本思想是在满足一定边界条件的基础上，通过非线性有限元分析从零件形状推算出初始毛坯的形状，由零件中网格节点的分布去推算初始毛坯中网格节点的分布，通过比较零件和毛坯上的网格变形得到零件的应变分布和厚度变化，达到初步预测零件变形情况的目的。此外还有一个重要功能就是进行修边线的计算。

（2）增量法 增量法的数值模拟过程从毛坯开始，它是一种具有较高精度的有限元计算方法。该方法将模拟荷载划分为一定数量的荷载增量步（Load Increments），并在每个荷载增量步结束时尽量处于平衡状态，因此能准确地预示零件在成形过程的起皱、破裂等情况，但是在迭代计算过程中有计算量较大、耗时长等特点。

（3）有限元求解方法 有限元方程的求解算法通常有 2 种方案，即静力隐式算法和动力显式算法。板料冲压成形是一个准静态的变形过程，静力隐式算法是比较合理、相对精确的方法。但静力隐式算法的计算量将与问题的大小平方成正比，计算耗时较长，由于接触状态的不同，存在一种收敛性发散的问题，有时难以计算下去，适合求解简单且静态的问题。动力显式算法的计算时间与问题的大小成正比变化，对于三维分析，使用动力显式算法，时间步长很少，使得三维的接触处理简单、实用，无需求解刚度矩阵，不存在收敛性问题；在发生起皱、失稳现象时不会引起数值计算困难，并且计算时间随着节点、自由度的增加仅呈线性变化，特别适合于求解大型复杂成形的问题，是目前使用很广泛的方法。所以在 DYNAFORM 中成形一般使用动力显式算法，回弹采用静力隐式算法。

2.2.11　工模具偏置类型

在"板料成形"对话框的"Analysis"下面会出现工模具的偏移类型的选择。DYNAFORM 系统中工模具偏移类型包括几何偏置法（物理偏置法）和接触偏置法。几何偏置用于偏移模块表面上的网格，与实际的模块表面一致，在合模状态时是不完全重合的。接触偏置用于根据毛坯厚度，用接触算法在完全一致的上下位置偏置模块表面上的网格，在合模状态是紧密贴合在一起的。软件默认偏置值是毛坯厚度的 1.1 倍，读者可以根据自己的要求进行修改，对于几何偏置和接触偏置如图 2-36 所示。

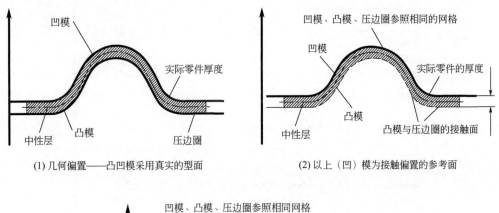

(1) 几何偏置——凸凹模采用真实的型面　　　(2) 以上（凹）模为接触偏置的参考面

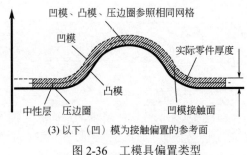

(3) 以下（凹）模为接触偏置的参考面

图 2-36　工模具偏置类型

那么在合模状态时两种不同的偏置方法表现的网格不一样，如图 2-37 所示。

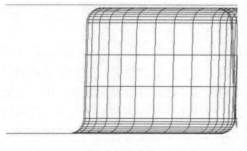

(1) 合模时接触偏置   (2) 合模时几何偏置

图 2-37 合模状态工模具不同偏置方法的网格

2.2.12 工模具运动规律的动画模拟演示

在如图 2-35 所示"板料成形"对话框中点击右边小三角形 ▶ "动画"命令，弹出模具行程与应变曲线，如图 2-38 所示。预览动画时，动画栏将显示在图形区域的底部。读者可以使用鼠标按钮进行控制，也可以使用键盘快捷键来控制动画。拖动时间线上的控制点以查看每帧工具的位置。对于单个阶段，时间线上的字符表示不同步骤的位置。对于多阶段，时间线上的数字表示不同阶段的位置。点击播放按钮，进行动画模拟演示。通过观察动画，可以判断工模具运动设置是否正确合理，点击 ⬭✕１ 按钮，数值越大，动画速度越快。×1 是标准速度，点击 ◉ 按钮结束动画，图 2-39 是动画模拟演示。

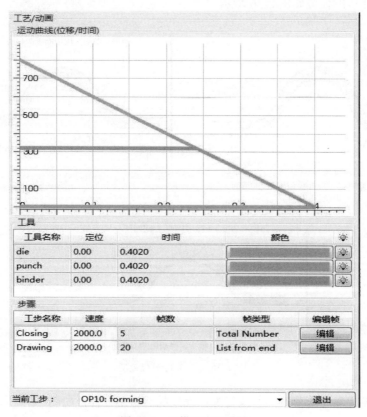

图 2-38 工模具运动曲线

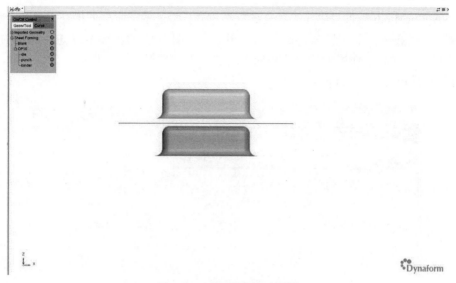

图 2-39 动画模拟演示设置

2.2.13 提交 LS-DYNA 进行求解计算

在提交运算前须及时保存已经设置好的文件。然后，再在"板料成形"对话框中点击菜单栏"任务"命令，进入"提交任务"对话框，如图 2-40 所示。为了节约计算的时间，读者可以勾选步骤 1，再点击"提交任务"按钮开始计算，至此前处理设置完毕。等待运算结束后，可在后处理模块中观察整个模拟结果，当然在提交任务时也可以勾选图 2-40 中的"仅写出输入文件"直接导出文本文件保存信息。

图 2-40 提交任务设置

DYNAFORM 6.0 软件提供了多种任务提交方式，除了本节举例的提交方式外，读者还可在后台双击"提交任务"，把"X.dyn"文件打开，按照图 2-41 的步骤 1、2 进行任务的求解，该方法可以方便读者不使用 DYNAFORM 6.0 软件前处理模块，直接批量提交计算，软件求解器计算完成后输出 d3.dump 文件。

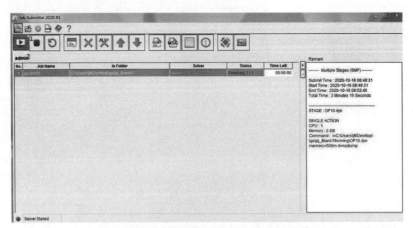

图 2-41　提交 LS-DYNA 进行求解运算

在 DYNAFORM 6.0 系统中沿用了以前版本的求解器，作业提交器支持的求解器包括 LS-DYNA 求解器、实用批处理求解器和 MSTEP 求解器。LS-DYNA 求解器支持单精度和双精度 LS-DYNA 求解器。双精度求解器一般用于重力加载、回弹分析、回弹补偿和热成形。实用批处理求解器用于修剪、穿孔、针刺和退火过程。MSTEP 求解器用于估计毛坯尺寸、计算边缘线和进行成形性分析。此外，本系统支持工具在多阶段分析中的自动定位。作业提交器自动定位工具和毛坯后，不仅可以减少工具的行程，还可以避免工具和毛坯之间的初始穿透，所以一般勾选"减少冲压行程"。

2.3　利用 eta/post 进行后处理分析

2.3.1　观察矩形件成形的变形过程

完成分析运算后，在 DYNAFORM 6.0 软件中点击菜单栏中的"结果"命令，进入后处理程序。当然也可以在菜单中点击"打开项目"命令，浏览保存结果文件目录，选择保存自定义的文件夹中的"*.DF"文件，点击"打开"按钮，读取 lsdyna 结果文件，点击软件菜单栏的"结果"选项卡，进入后处理。为了重点观察零件"BLANK"的成形状况，只打开"BLANK"，然后点击 ▶ "Play"按钮，以动画形式显示整个变形过程，点击"End"按钮结束动画，如图 2-42 所示。

图 2-42　板料变形的过程

2.3.2　观察矩形件成形的成形极限图及厚度分布云图

　　DYNAFORM 后处理结果提供了丰富的分析结果，针对不同的情况运用不同工具。点击如图 2-43 所示各种按钮可观察不同的零件成形状况，例如点击其中的 ⬇️ "Forming Limit Diagram" 按钮和 🖐 "Thickness" 按钮，即可分别观察成形过程中零件 "BLANK" 的成形极限及厚度变化情况，如图 2-44 所示为零件 "BLANK" 的厚度变化分布云图，如图 2-45 所示为零件 "BLANK" 的成形极限图。同样可点击 ▶️ "play" 按钮，以动画模拟方式演示整个零件的成形过程，也可选择 ⏭ 下一帧对过程中的时间步进行观察，根据计算数据分析成形结果是否满足工艺要求。

图 2-43　成形过程控制工具按钮

图 2-44　零件 "BLANK" 板料厚度变化分布云图

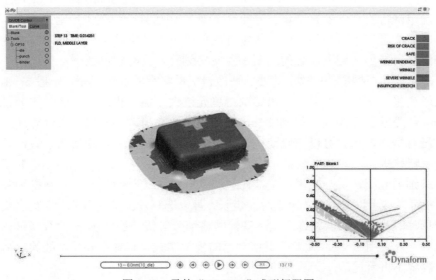

图 2-45　零件 "BLANK" 成形极限图

2.3.3 观察矩形件成形的不同区域的主应变

点击如图 2-43 所示各种按钮可观察不同的零件成形状况,这里点击 $\boxed{1}$ "主应变"按钮,输入不同部位的节点名称绘制出随时间变化的主应变情况,如图 2-46 所示为零件"BLANK"的不同变形区域的主应变图。

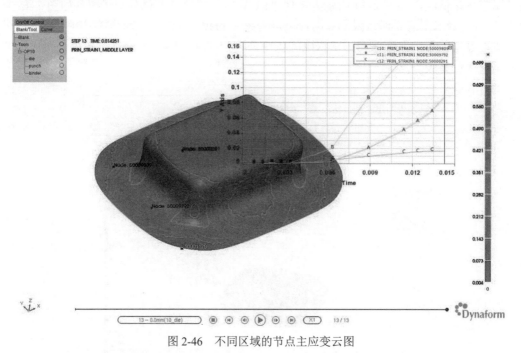

图 2-46　不同区域的节点主应变云图

① 板材成形极限图(FLD)可以用来辅助评定板料的局部成形性能,成形极限图的 FLD 越高,板料的局部成形性能越好。

② 此零件的工具网格划分参数只修改了最大单元尺寸为 5mm,其他均采用了系统默认值。如何确定网格的具体参数,除了第 1 章说明的网格划分的基本原则外,在实际的应用过程中,对于大型汽车覆盖件、面板等零件我们推荐系统默认值,该值是一个经过工程验证的系统组合,能够适应大部分的大型零件网格划分,具有很好的适应性。对于圆筒件等小零件,建议读者根据零件的实际大小,修改最大网格尺寸就可以了,一般 5~10mm 就可以得到比较良好的结果。如果读者仍然觉得单元过大,需要再改小一些,比如最大单元需要改到 1mm,那么最小单元可改到 0.1mm,相应的弦高值改为 0.01,临边角改为 10°。如读者对此没有概念,那么可以按照默认值相互之间的比例关系,成倍缩小数值。网格划分参数并没有特殊规定,皆是控制单元的大小、密度、数量等,划分理论在第 1 章中已经进行了较为详细的介绍,实际应用情况在此说明。另外关于时间步长以及网格细分等级如何确定,读者可以参考以下意见,对于时间步长,可以选择较大的时间步长,提高模拟效率,可在系统计算的时间步长上稍许加大一些。网格细分等级一般情况下 3 级就可以了,对于回弹等计算可以采用 4 级,读者可根据自己的模拟实践自行体会和总结经验,后续章节涉及相关内容将不再赘述。

2.4 典型矩形件拉深成形工艺参数多目标优化

2.4.1 典型矩形件工艺特点分析

矩形件的拉深成形在凸缘上受到径向的拉深和切向压缩的压应力。直边的地方材料流动起来基本上很顺畅，能够很快地进入凹模口，而在圆角部位材料流动缓慢。整个材料流动过程中圆角部位与侧壁直边部位相互影响，因此形成材料流动速度差使得拐角的部位发生剪切变形，结果就是在成形时应力、应变在变形区内沿周边的分布不均匀。

目前计算矩形件毛坯尺寸的方法很多，如等面积法、滑移线法、等体积法和经验估计法等。由于带凸缘矩形件的变形特点是变形沿着毛坯周边分布不均匀，因此它的尺寸计算必然随着矩形件外形尺寸变化而发生变化。本次先通过经验公式初步计算毛坯尺寸，在此基础上进行一定优化获得最佳坯料尺寸，基于最佳的坯料外形尺寸进行对应的仿真模拟和其他的工艺优化。

该零件尺寸长宽高 $H \times B \times R = 60\text{mm} \times 40\text{mm} \times 25\text{mm}$，经计算属于单工序拉深，根据塑性成形的特点，由凸缘矩形件体积相等的原则，最终确定毛坯形状为长椭圆形，有关分析计算如下所示。

(1) 一次拉深的凸缘矩形件的毛坯计算 毛坯尺寸根据矩形件表面积相等的原则求出，毛坯形状为圆形或长椭圆形。

若毛坯形状为圆形，设 D 是拉深件的毛坯直径，按下式计算：

① 当 $r = r_{底}$ 时，应用式（2-1）进行计算，毛坯直径 D 为：

$$D = 1.33[B^2 + 4B(H - 0.43r) - 1.72r(H + 0.33r)]^{1/2} \tag{2-1}$$

式中，B 为矩形件短边长，mm；H 为矩形件高度，mm；r 为矩形件底部圆角半径，mm。

② 对于尺寸为 $A \times B$ 的矩形拉深件，可以看作由两个宽度为 B 的半正方形和中间为 $(A-B)$ 的直边所组成。这时毛坯形状是由两个半径为 R 的半圆弧和两个平行边所组成的长圆形。

长圆形毛坯的圆弧半径 R_b 为：

$$R_b = D/2 = 42.969(\text{mm})$$

应用式（2-2）进行计算，长圆形毛坯的长度 L 为：

$$L = 2R_b + (A - B) \tag{2-2}$$

式中，B 同上；A 为矩形件长边长。

应用式（2-3）进行计算，长圆形毛坯的宽度 K 为：

$$K = \frac{D(B - 2r) + [B + 2(H - 0.43r)](A - B)}{A - 2r} \tag{2-3}$$

综上，求得 $R_b = 42.969(\text{mm})$，$D = 85.938（\text{mm}）$，$L = 105.938（\text{mm}）$，$K = 89.84（\text{mm}）$。本次试验最终使用的是长椭圆形坯料，如图 2-47 为坯料形状示意。

(2) 拉深成形模的凸凹模间隙确定

① 拉深矩形件时凸模与凹模之间的间隙，应用式（2-4）进行计算：

$$Z = t + \Delta + ct \tag{2-4}$$

式中，Z 为弯曲凸凹模单边间隙；t 为板料厚度，0.8mm；Δ 为材料厚度正偏差，这里 $\Delta = 0.1$；c 为根据弯曲件高度和弯曲线长度而决定的系数，一般取 $0.04 \sim 0.15$，这里可取 $c = 0.05$。

② 在圆角部分由于材料变厚，故其间隙应比直边部分间隙大 0.1t。

$$Z' = Z + 0.1t \tag{2-5}$$

综上：取 $Z=0.8$（mm），$Z'=0.88$（mm）。

（3）压边力的计算　拉深任何形状的工件压边力 Q 的计算式为：

$$Q = Fq \tag{2-6}$$

式中，F 为在压边圈下的毛坯投影面积，mm^2；q 为单动压力机的单位压边力，这里 $q=2.5\sim$ 3Mpa。

因此：计算得 $F = S_{压边圈} = S_{坯料} - S_{孔} = 7439.67(mm^2)$，$Q=18.60\sim22.32$（kN）。

成形极限图是判断和预测板料成形性能的最为简单和直观的方法，但 FLD 不是真实物理试验的结果，因此常作为解决板料成形问题的一个有效的定性预测工具。通过图 2-45 的 FLD 云图可以看出，该矩形件整体处于安全区域之内，但是凸缘四周出现严重的起皱和底部有成形不足的趋势，且处在几个圆角部位的厚度值比较小，故该部位预测有拉裂的趋势。因此有必要对矩形件成形过程中压边力的大小和压边的结构、模具间隙等工艺参数进行优化。

2.4.2　正交试验方案优化设计

下面为成形工艺参数的确定。

（1）压边力的确定　在冲压成形过程中，压边力的值需要合理。如果压边力过大的话，容易引起矩形件凸缘部位发生起皱现象，反之就容易有部分区域拉裂的风险，经理论初步分析，本次压边力的值为 18～22kN。

（2）摩擦系数的确定　在矩形件的拉深过程中，板料与凸模、凹模、压边圈之间的摩擦力对材料变形所起的作用各不同。其中，板料与压边圈、凹模之间的摩擦力起限制材料流动的作用，在现实的生活中，常常使用润滑剂对凹模或者凸模周围进行润滑来减小摩擦，所以一般在模具设计时，压边圈、凹模与坯料接触的工作面的粗糙度应小些，并尽量光滑平整，这里主要是针对凹模与板料之间的摩擦做一个分析，初步分析摩擦系数为 0.08～0.12。

（3）模具间隙的确定　模具的单边间隙对于单道次的矩形件拉深而言，对其质量的影响很大，这里模具的间隙为 0.8～0.92mm。

（4）冲压速度　在 DYNAFORM 系统中冲压速度为一个虚拟值，对于仿真时间与模型的收敛有很大的作用，由于该矩形件外表简单，这里选定虚拟冲压速度为 2000～4000mm/s。

在现代社会中，实现过程和目标的最优化已成为解决科学研究、工程设计、生产管理、信息处理等多方面实际问题的一项重要原则。最优化就是高效地找出问题在一定条件下的最优解。试验设计是在优化思想指导下，通过广义的试验进行最优设计的一种方法。对于多因素试验，传统试验方法一般只能被动地处理试验数据，试验中大量的信息被浪费，并且对试验方案、试验过程及目标的优化，常常显得无能为力。正交试验是研究多因素间交互作用的一种重要试验方法，它利用排列整齐的正交表来对试验进行整体设计、综合比较、统计分析，通过少数的试验次数找到较好的生产条件，缩短了试验周期、降低了试验成本。正交表是正交试验设计的基本工具，它具有均衡分散的思想，运用组合数学理论在拉丁方和正交丁方的基础上构造一种表格，其特点是：搭配均匀，综合比较。

在矩形件拉深的成形过程中，毛坯形状如图 2-47 所示，建立的 FEM 模型如图 2-48 所示，初步分析影响成形质量的主要工艺参数有：压边力 F，摩擦系数 u，冲压速度 v，模具间隙 c，凹模圆角半径 r 等。本节以摩擦系数 L、压边力 M、虚拟冲压速度 N 和模具间隙 O（这里字母只是作为一个代号，下同）这 4 个因素，结合上文分析中板材将会出现起皱趋势的风险，以材料的厚度最大增厚率 $y_1(\%)$、材料的厚度最大减薄率 $y_2(\%)$ 和成形的最大拉深力 $y_3(kN)$ 为优化目标，考虑各因素之间存在一定的联系，故采用正文表 $L_{27}\left(3^{13}\right)$，试验因素水平如表 2-1 所示。

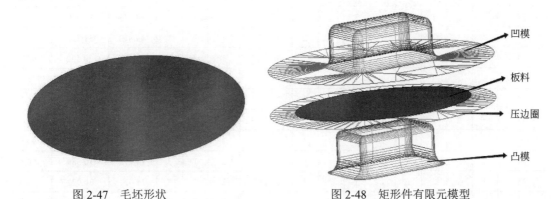

图 2-47　毛坯形状　　　　　　　　图 2-48　矩形件有限元模型

表 2-1　试验各因素水平分析

水平	摩擦系数（L）	压边力（M）/kN	虚拟冲压速度（N）/(mm/s)	模具间隙（O）/mm
1	0.08	18.0	2000	0.8
2	0.1	20	3000	0.88
3	0.12	22	4000	0.92

利用 4 因素 3 水平的正交试验，按照表 2-1 进行试验，记录板料的最大增薄率和最大拉深力的最大值。正交试验数据记录及结果，如表 2-2 所示。

表 2-2　试验因素水平记录及结果

次数	L	M	L×M		N	M×N		O	M×O		N×O	空列		模拟结果		
	1	2	3	4	5	6	7	8	9	10	11	12	13	y_1/%	y_2/%	y_3/kN
1	1	1	1	1	1	1	1	1	1	1	1	1	1	15.158	30.702	96
2	1	1	1	1	2	2	2	2	2	2	2	2	2	15.202	30.721	91.3
3	1	1	1	1	3	3	3	3	3	3	3	3	3	15.156	30.703	90.8
4	1	2	2	2	1	1	1	2	2	2	3	3	3	15.051	31.047	99.5
5	1	2	2	2	2	2	2	3	3	3	1	1	1	15.040	30.827	92.7
6	1	2	2	2	3	3	3	1	1	1	2	2	2	15.011	30.791	92
7	1	3	3	3	1	1	1	3	3	3	2	2	2	14.870	30.637	92.4
8	1	3	3	3	2	2	2	1	1	1	3	3	3	14.828	30.691	92.5
9	1	3	3	3	3	3	3	2	2	2	1	1	1	14.775	30.602	92.1
10	2	1	2	3	1	2	3	1	2	3	1	2	3	14.978	30.232	89.5
11	2	1	2	3	2	3	1	2	3	1	2	3	1	14.922	30.148	90
12	2	1	2	3	3	1	2	3	1	2	3	1	2	14.961	30.219	89.7

次数	L	M	L×M		N	M×N		O	M×O		N×O	空列		模拟结果		
	1	2	3	4	5	6	7	8	9	10	11	12	13	y_1/%	y_2/%	y_3/kN
13	2	2	3	1	1	2	3	2	3	1	3	1	2	14.932	31.017	95.8
14	2	2	3	1	2	3	1	3	1	2	1	2	3	14.904	31.066	96.3
15	2	2	3	1	3	1	2	1	2	3	2	3	1	14.886	30.894	100.2
16	2	3	1	2	1	2	3	3	1	2	2	3	1	14.773	31.02	96.8
17	2	3	1	2	2	3	1	1	2	3	3	1	2	14.743	31.079	96.7
18	2	3	1	2	3	1	2	2	3	1	1	2	3	14.810	31.220	97.3
19	3	1	3	2	1	3	2	1	3	2	1	3	2	14.898	30.522	94.4
20	3	1	3	2	2	1	3	2	1	3	2	1	3	14.972	30.666	95
21	3	1	3	2	3	2	1	3	2	1	3	2	1	14.929	30.492	94.2
22	3	2	1	3	1	3	2	2	1	3	3	2	1	14.681	30.581	95
23	3	2	1	3	2	1	3	3	2	1	1	3	2	14.744	30.610	94.5
24	3	2	1	3	3	2	1	1	3	2	2	1	3	14.713	30.589	94.5
25	3	3	2	1	1	3	2	3	2	1	2	1	3	14.621	30.922	101.8
26	3	3	2	1	2	1	3	1	3	2	3	2	1	14.589	30.879	106.8
27	3	3	2	1	3	2	1	2	1	3	1	3	2	14.652	30.977	101.7

2.4.3　正交试验结果分析

对于正交试验的数据处理结果分析一般有直观分析法与方差分析法。直观分析法根据试验数据的统计规律在多因素中找出主次，其优点是简单易懂、计算量小；缺点是不能估计误差的大小和无法估计各因素对试验结果影响的重要程度。方差分析法是将因素水平变化所引起的试验结果间的差异与误差波动所引起的试验结果的差异区分卅的一种数学方法。所以针对正交试验的方案设计，本节采用方差分析方法，分析不同的水平各因素对检验结果的影响显著性，由于各因素之间的相互作用影响较小，这里纳入误差中进行计算。表 2-3 表示各因素对板料最大减薄率的影响程度；同理，也可以分析出各因素对板料最大增厚率及最大拉深力的影响，如表 2-4 和表 2-5 所示。

表 2-3　各因素对板料最大减薄率的影响程度

因素	S_i	df	$F_比$	F	影响重要程度
L	0.026	2	5.2		*
M	0.837	2	167.4		**
N	0.891	2	178.2	$F_{0.05}(2,16)=3.63$	**
O	0.012	2	2.4	$F_{0.01}(2,16)=6.23$	—
L×M	0.078	2	15.6		
误差	0.04	16			
总和	0.694	26			

表 2-4　各因素对板料最大增厚率的影响程度

因素	S_i	df	$F_比$	F	影响重要程度
L	0.292	2	219		**
M	0.352	2	264	$F_{0.01}(2,18)=6.01$	**
N	0.036	2	27	$F_{0.05}(2,18)=3.55$	**
O	0.008	2	6		*
误差	0.006	18			
总和	0.694	26			

表 2-5　各因素对成形中最大拉深力的影响程度

因素	S_i	df	$F_比$	F	影响重要程度
L	85.716	2	22.3		**
M	126.436	2	32.97	$F_{0.01}(2,18)=6.01$	**
N	142.416	2	37.13	$F_{0.05}(2,18)=3.55$	**
O	37.002	2	9.0		**
误差	34.516	18			
总和	0.694	26			

① 上述表中的"*"和"**"表明该因素的不同水平对试验结果有一定的影响和高度显著的影响;"-"表示影响较小,可以忽略不计。

② S_i 为因素相互作用下的偏差平方和, df 为各因素在试验中的自由度, F 为临界值。

从以上 3 个表可以得到:从材料的减薄程度而言,压边力和虚拟冲压速度对材料的减薄影响程度更加显著;对于材料的增厚程度来说,摩擦系数,压边力和虚拟冲压速度的显著性优于其他的因素,可以从摩擦系数、压边力和虚拟冲压速度方面多做考虑;对于最大拉深力,各因素的影响程度相同。所以各因素对优化的目标影响程度不一以及指标的相对排序不清楚,本章后续将对此工艺参数做进一步优化。

2.4.4　工艺参数优化

基于上文的试验情况,这里结合层次分析法和灰色系统理论,可分析多目标成形质量下矩形件拉深过程中各因素的平均关联度,然后根据各因素的平均关联度来确定此次试验最佳的工艺参数组合。层次分析法(AHP)是一种解决较复杂、多目标问题的数学分析方法,它可以将定性问题与定量问题相结合。上文中提及的工艺参数在层次结构模型中可分为三个层次:目标层、准则层和方案层,如图 2-49 所示。首先建立对比矩阵 $\boldsymbol{T}$,其形式为式(2-7)。

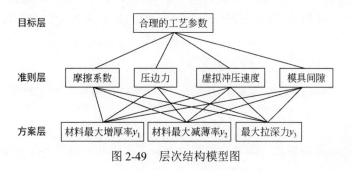

图 2-49　层次结构模型图

同一层次的各元素需要对上一层次中某一准则的重要性进行相互比较，以此来构造判断矩阵，按表 2-6 的比例标度对因素重要性进行赋值。

表 2-6 a_{ij} 比值表

w_i/w_j	同等重要	重要性不高	稍微重要	很重要	绝对重要	比值
a_{ij}	1	3	5	7	9	2,4,6,8

综合考虑上述工艺参数对矩形件成形的重要性。据表 2-6 确定系列的判断矩阵，其中 $\boldsymbol{H}$ 为准则层对目标层重要性的判断矩阵，$\boldsymbol{C}_i(i=1,2,3,4)$ 为方案层对准则层的相对权重，具体的情况，见式（2-8）和式（2-9）。

$$\boldsymbol{T} = (a_{ij}) = \begin{pmatrix} 1 & w_1/w_2 & \ldots & w_1/w_n \\ w_2/w_1 & 1 & & \vdots \\ \vdots & \vdots & \ddots & \vdots \\ w_n/w_1 & \cdots & \cdots & 1 \end{pmatrix} \tag{2-7}$$

$$\boldsymbol{H} = \begin{pmatrix} 1 & 1/2 & 3 & 5 \\ 2 & 1 & 3 & 5 \\ 1/3 & 1/3 & 1 & 2 \\ 1/5 & 1/5 & 1/2 & 1 \end{pmatrix} \tag{2-8}$$

$$\boldsymbol{C}_1 = \begin{pmatrix} 1 & 2 & 5 \\ 1/2 & 1 & 1/3 \\ 1/5 & 3 & 1 \end{pmatrix} \boldsymbol{C}_2 = \begin{pmatrix} 1 & 1 & 5 \\ 1 & 1 & 3 \\ 1/5 & 1/3 & 1 \end{pmatrix} \boldsymbol{C}_3 = \begin{pmatrix} 1 & 1 & 1/2 \\ 1 & 1 & 5 \\ 2 & 1/5 & 1 \end{pmatrix} \boldsymbol{C}_4 = \begin{pmatrix} 1 & 1 & 1/2 \\ 1 & 1 & 1/3 \\ 2 & 3 & 1 \end{pmatrix} \tag{2-9}$$

对于上述建立的层次分析模型，运用 MATLAB 编程进行求解，归一化计算得到的权向量分别为式（2-10）：

$$\boldsymbol{x} = (0.3273, 0.4650, 0.1342, 0.0736)^{\mathrm{T}},$$
$$\boldsymbol{x}_1 = (0.6072, 0.1551, 0.2377)^{\mathrm{T}}, \quad \boldsymbol{x}_2 = (0.4806, 0.4504, 0.1140)^{\mathrm{T}}$$
$$\boldsymbol{x}_3 = (0.2372, 0.5518, 0.2110)^{\mathrm{T}}, \quad \boldsymbol{x}_4 = (0.2402, 0.2098, 0.5499)^{\mathrm{T}} \tag{2-10}$$

由式（2-11）可确定总排序一致性的检验：

$$\mathrm{CR} = \frac{\sum_{j=1}^{m} a_i(\mathrm{CI})_j}{\sum_{j=1}^{m} a_i(\mathrm{RI})_j} \tag{2-11}$$

式中，RI 为随机性一致指标，一般可以查表得到；CI 为一致性指标。

经计算，各判断矩阵均通过一致性比率 CR < 0.1 检验；故方案层对目标的总排序的权向量如式（2-12）：

$$\boldsymbol{W} = \boldsymbol{x}^{\mathrm{T}} \begin{pmatrix} \boldsymbol{x}_1 \\ \boldsymbol{x}_2 \\ \boldsymbol{x}_3 \\ \boldsymbol{x}_4 \end{pmatrix} = (0.471, 0.329, 0.200) \tag{2-12}$$

上述结果表明，各因素之间满足合理的建模要求，因此，板料的最大增厚率、最大减薄率和最大拉深力等几个评价指标所占权重分别为 $\lambda_1=0.471$、$\lambda_2=0.329$、$\lambda_1=0.200$。

2.4.5　基于层次分析法的灰色系统理论分析

灰色关联度分析是系统因素和系统效应之间内涵关系处于不明确的环境下，系统各因素对系统效应影响程度的分析方法。目前在各领域广泛使用，可用于多指标优化分析。在该方法中，一般关联度越高，分析的因素之间趋势就越接近。

可设 $X_0=\{x_0(k),k=1,2,3\cdots n\}$ 作为参考向量序列，$X_i=\{x_i(k),k=1,2,3\cdots n;i=1,2\cdots m\}$ 为目标向量序列，n 为指标个数，据式（2-13），k 点在 X_i 至 X_0 的灰色关联系数为：

$$\xi_i(k)=\frac{\min\limits_{j\in i}\min\limits_{k}|X_0-X_i(k)|+\rho\max\limits_{j\in i}\max\limits_{k}|X_0-X_i(k)|}{|X_0-X_i(k)|+\rho\max\limits_{j\in i}\max\limits_{k}|X_0-X_i(k)|} \qquad (2\text{-}13)$$

式中，k 表示一个时刻；ρ 为分辨系数，一般是 0.5。由式（2-14），则 X_i 到 X_0 的相关度为：

$$\gamma_i=\frac{1}{n}\sum_{i=1}^{n}\lambda_k\xi_i(k) \qquad (2\text{-}14)$$

式中，λ_k 为各因素的权重。针对典型矩形件拉深成形，这里以板料的最大减薄率、最大增厚率和成形中最大拉深力的正交试验结果为指标序列，基于试验最小值为目标的原则，由于 3 个指标的物理单位不同，由式（2-15）可对试验结果进行无量纲初始化处理。

$$x_i=\frac{x_i(k)_{试验}}{x_i(1)} \qquad (2\text{-}15)$$

运用 MATLAB 对试验的原始数据进行处理。选取各指标试验结果的最小值作为此次参考序列，即 $X_0=(0.9625,0.9820,0.9323)$。设 $\xi_i(1)$、$\xi_i(2)$、$\xi_i(3)$ 分别对应三个指标的灰色关联系数，则灰色关联系数如表 2-7 所示。

表 2-7　各指标灰色关联系数结果表

次数	$\xi_i(1)$	$\xi_i(2)$	$\xi_i(3)$	次数	$\xi_i(1)$	$\xi_i(2)$	$\xi_i(3)$
1	0.3506	0.4922	0.5710	15	0.5267	0.4180	0.4469
2	0.333	0.4840	0.8281	16	0.6299	0.3806	0.5424
3	0.3612	0.4921	0.8680	17	0.6672	0.2997	0.5457
4	0.3990	0.3757	0.4649	18	0.5827	0.3333	0.5260
5	0.4070	0.4423	0.7278	19	0.4994	0.5905	0.6386
6	0.4240	0.4425	0.7781	20	0.4455	0.5095	0.6113
7	0.5226	0.7137	0.7490	21	0.4748	0.6091	0.6477
8	0.5664	0.4922	0.7459	22	0.7714	0.5531	0.6113
9	0.6183	0.5378	0.7649	23	0.6672	0.5378	0.6336
10	0.4426	0.8533	1.0000	24	0.6618	0.5496	0.6366
11	0.4850	1.0000	0.9454	25	0.9060	0.4091	0.4129
12	0.4525	0.8835	0.9772	26	1.0000	0.4230	0.3333
13	0.4726	0.3814	0.5787	27	0.8316	0.3926	0.4148
14	0.4945	0.3685	0.5600				

基于表 2-7 对评价指标的关联度分析，表 2-8 给出了各因素之间的平均灰色关联度值，

根据灰色分析理论，平均关联度值越大，表明选取的因素对指标优化的影响就越大，即所选因素的最大关联度对应的水平为优化值，也接近于此次冲压成形工艺参数的最佳值。

表 2-8　各因素之间的平均灰色关联度

工艺参数	平均灰色关联度γ_i			最佳方案
	水平 1	水平 2	水平 3	
摩擦系数 L	0.742	0.676	0.694	
压边力　M	0.662	0.790	0.774	L1/M2/N1/O2
冲压速度 N	0.762	0.576	0.481	
模具间隙 O	0.618	0.632	0.617	

由表 2-8 的平均灰色关联度可以得出，本次矩形件拉深成形的试验最佳参数组合为 L1/M2/N1/O2，即摩擦系数为 $u=0.08$，压边力 $F=20\text{kN}$，冲压速度 $v=2000\text{mm/s}$，模具间隙 $c=0.88\text{mm}$。

2.4.6　数值模拟验证

综合上述分析，对确定的最佳试验组合 L1/M2/N1/O2 进行数值模拟验证，对比优化试验前与优化之后的矩形件的厚度增减率以及成形中最大拉深力，仿真的结果分别见图 2-50（a）和图 2-50（b）的板料厚度减薄及图 2-51（a）和图 2-51（b）的拉深力与位移曲线。

板料的最大减薄率由原来的 31.079% 降为 23.664%，最大增厚率由原先的 14.743% 降为 13.203%，矩形件成形最大拉深力由 107.52kN 降至 89.5kN。

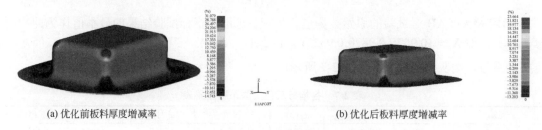

(a) 优化前板料厚度增减率　　　　　　　　　　(b) 优化后板料厚度增减率

图 2-50　优化前、后板料的厚度增减率

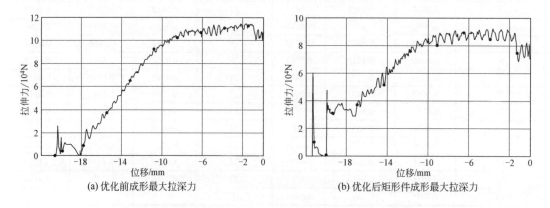

(a) 优化前成形最大拉深力　　　　　　　　　　(b) 优化后矩形件成形最大拉深力

图 2-51　优化前、后矩形件成形最大拉深力-位移曲线

　金属冲压成形仿真及应用
——基于 DYNAFORM

第3章
汽车油底壳零件拉深成形仿真试验及分析

本章主要针对一种典型汽车冲压零件——油底壳零件进行相应的拉深成形模拟及工艺参数优化。该零件是一个实际的冲压零件，拉深深度较浅，底部变形量较少。进行模拟时需要抽取零件的外表面创建凹模曲面，最后根据此参考曲面偏置出模拟需要的工具曲面。

3.1　油底壳零件特性分析及工艺简介

本次进行模拟试验零件为车用油底壳，如图 3-1 所示。车用油底壳是汽车发动机的重要零部件，多由薄板拉深而成，作用是封闭曲轴箱作为储油槽的外壳，起到阻隔杂质、回收工作流出的润滑油的作用，从而达到散热、防止润滑油氧化的目的。

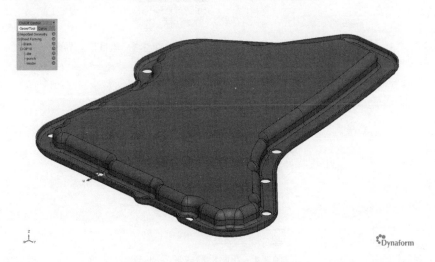

图 3-1　汽车油底壳 3D 几何模型

如图 3-1 所示，该零件尺寸较大，轮廓不规则，表面质量要求高。它具有曲面形状零件的凸缘和翻边部分，又具有盒形件的沿坯料周边不均匀变形的特点。从成形工艺角度加以分析，主要采用拉深成形，拉深深度较浅，底部变形量较少，金属的流动主要集中在凸缘以及拉深的四壁之间，尤其需要注意圆角部分的拉裂情况。四周有翻边工艺，在毛坯设计的时候需要考虑翻边的部分以及打孔部位位置的预留。

基于上述工艺分析，该零件可分为多工步成形，工艺步骤大致为落料、拉深、冲孔、翻边等。本次模拟只针对拉深工步。根据该零件的特点和生产实际情况，在进行模拟设置时可以采用单动反向拉深，以零件外表面作为凹模参考面进行上模面的设计，尽可能地减少起皱的产生。

3.2 油底壳零件仿真试验及结果分析

3.2.1 新建项目

启动 DYNAFORM 6.0 后，选择菜单栏"项目"命令，出现如图 3-2 所示的新建项目界面，在该界面中单击"新建项目"。系统会自动跳出如图 3-3 所示的项目信息界面。将该项目命名为"YDK"，同时修改存储路径。选定"板料成形"，再点击"确定"按钮。系统会进入"新建板料成形"界面，如图 3-4 所示。按照图 3-4 中步骤 1—3 依次选择按钮，即可完成项目新建，进入前处理界面。

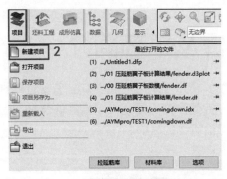

图 3-2 新建项目界面

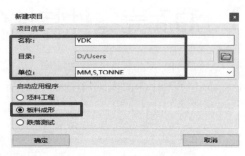

图 3-3 项目信息界面

图 3-4 新建板料成形界面

金属冲压成形仿真及应用
——基于 DYNAFORM

3.2.2 模型文件的导入

选择菜单栏"几何"命令，依次按照图 3-5 所示选择"导入…"，选择配套文件夹中的文件"LOWDIE.igs"以及"YDK.igs"，并点击"打开"完成模型导入。其中"YDK.igs"为零件三维造型，"LOWDIE.igs"为拉深工步需要的下模面，即零件内表面。完成模型导入之后，可用鼠标左键点击屏幕上的零件模型，软件左侧会对应选中该模型，通过鼠标右键对该模型名称进行重命名，可以修改名称，方便鉴别。本例中将"10000"和"0"的系统命名修改为与标题相同的名称，如图 3-6 所示。

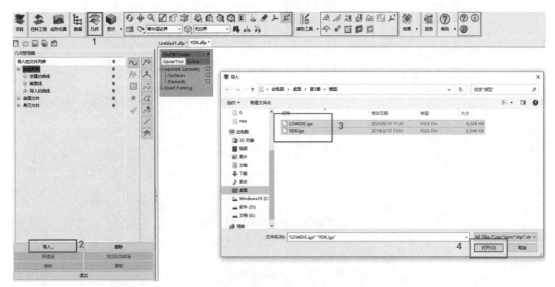

图 3-5　模型文件的导入流程

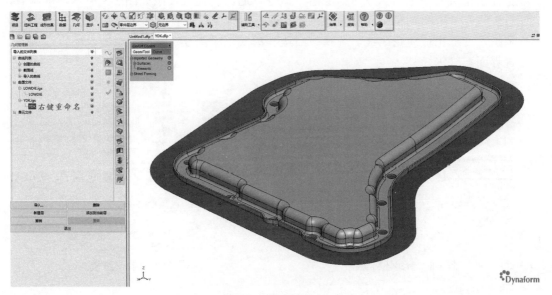

图 3-6　模型的导入

3.2.3　创建板料轮廓线

通过图 3-6 可知,该零件是一个具有一定厚度的实体零件,由于塑性成形可以近似考虑中性层不参与变形,所以中性层通常被用来计算板料尺寸。在新版的软件 DYNAFORM 6.0 中,有"抽取中面"命令,可以自动完成中性层的创建。选择"YDK",单击 "抽取中面" 按钮,软件会自动完成中性层的生成工作,并且自动命名新的中性层面为"YDK_mid",如图 3-7 所示。

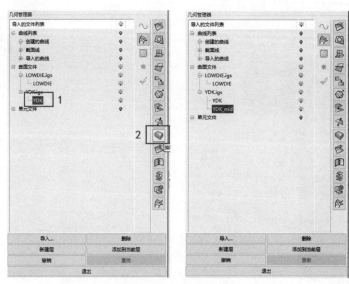

图 3-7　抽取零件中性层

中性层生成完毕之后,点击"退出"命令,退出几何。按照如图 3-8 所示,依次点击"坯料工程""轮廓线和成形性""确定"进入坯料工程设置界面。坯料工程可以以中性层为依据,计算出板料轮廓线。选择"高级"模式,如图 3-9 所示,即进入坯料工程的具体设置界面。

图 3-8　新建坯料工程

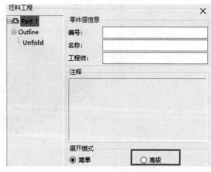

图 3-9　选择高级模式

单击"工件"按钮,进入"定义工具"对话框,将之前生成的中性层"YDK_mid"作为工件,然后依次选择"包括""退出",完成工件定义,如图 3-10 所示。

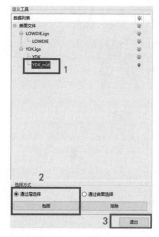

图 3-10　定义工件

完成"工件"定义后，继续定义材料。点击"材料"按钮，在弹出的材料选择界面选择"库"为"美国"，选中 SS304（Barlat's 89），如图 3-11 所示。

完成材料选择之后，修改厚度为 1.5mm。同时检查几何关联确保是"Middle"选项，如图 3-12 所示。

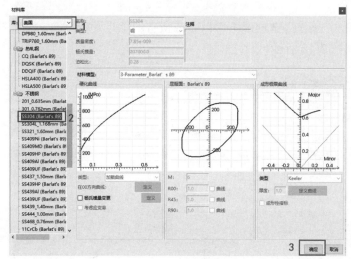

图 3-11　材料选择界面

图 3-12　几何定义完成

单击"Boundary"按钮，选择 ▦"孔填充"命令，单击"应用"按钮，如图 3-13 所示。软件会自动填补孔洞。

完成孔洞填充之后，选择"Unfold"按钮，参数基本保持默认选项，点击"展开"，软件会自动计算板料轮廓线，如图 3-14 所示，点击"坯料工程"右上角"×"退出。

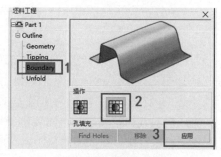

图 3-13　孔洞自动填充

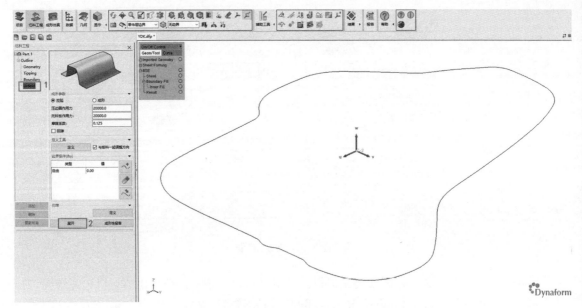

图 3-14　板料轮廓线的自动计算

3.2.4　定义板料"Blank"

返回"成形仿真"对话框，在"操作"选项卡下可以完成所有的工具及板料的定义。首先确定"Analysis"分析参数。如图 3-15 所示。

图 3-15　基本分析设置

开始定义板料，选择"Blank"按钮，单击"定义轮廓线…"按钮，在弹出的对话框中选择"添加…"按钮，选择上文计算得出的板料轮廓线，完成后依次确认、退出回到主界面，修改下方的网格尺寸，将默认值改为 12，设置过程如图 3-16 所示。

完成板料几何定义之后，需要定义材料。单击"Undefined"按钮，材料的定义和上文中坯料工程中材料定义一致，选择 SS304（Barlat's 89）材料。完成后修改厚度值为 1.5mm，单击"应用"，完成板料的定义，单击"显示"按钮可以观察"Blank"的网格，如图 3-17 所示。

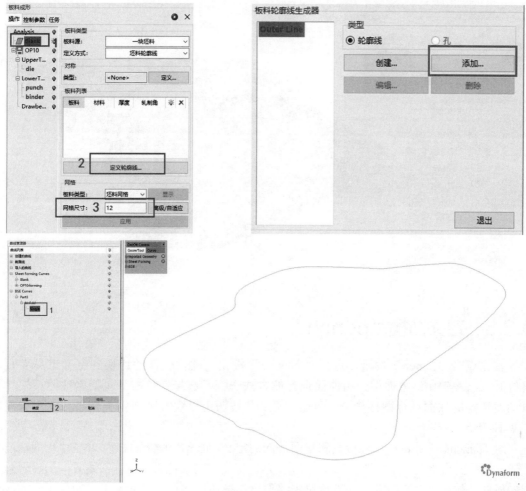

图 3-16　定义板料

图 3-17

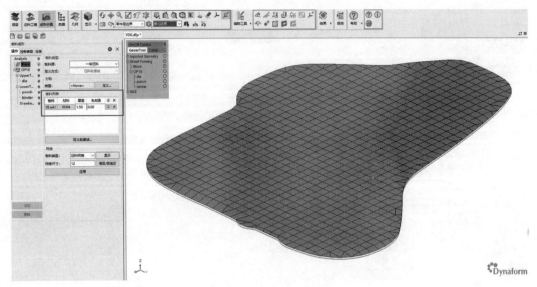

图 3-17 板料定义完成

3.2.5 定义凸模 "punch"

首先点击 "punch" 按钮，选择 "定义…" 按钮。软件会自动切换到定义工具界面，只打开 "LOWDIE" 零件层，用曲面选择的方式选择，选择完单击 "包括" 按钮。软件会自动对选定的曲面进行网格划分，单击 "显示" 按钮可以观察网格划分效果。操作流程如图 3-18 所示。

对 "punch" 零件进行边界检查和平面法向的定义，选择 "编辑" 按钮。单击 "平面法向" 按钮，选择一个单元，平面法向如图 3-19 所示，平面法向的检查原则：法线方向的设置总是指向板料，如果方向符合要求，直接单击 "退出" 按钮，如果方向与要求方向相反，依次单击 "反向" "调整" 和 "退出" 按钮。

完成法向检查后，可以点击 📷 "边界显示" 按钮。进行边界检查时，该功能可以帮助检查网格是否完好，单击 "退出" 按钮。一般情况下，如果曲面质量完好，网格可以不检查。

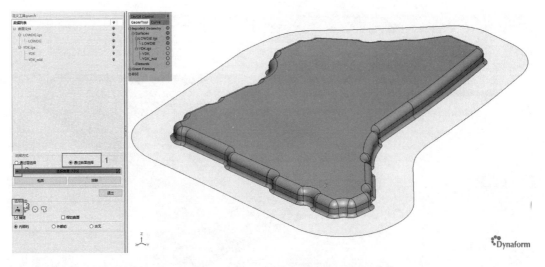

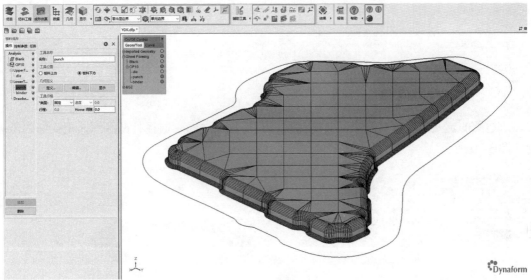

图 3-18　凸模定义

图 3-19

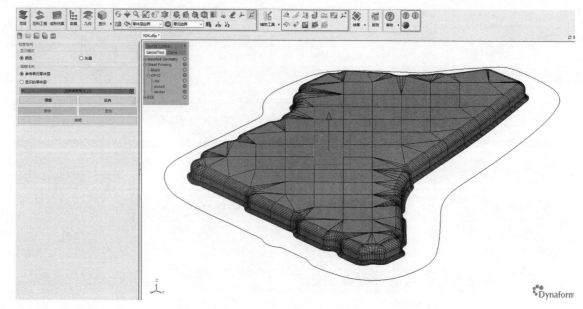

图 3-19   对"punch"零件进行定义

3.2.6   定义压边圈"binder"

压边圈的定义可以参考凸模的定义流程，只需注意选择时选择外凸缘面，定义好的压边圈如图 3-20 所示。

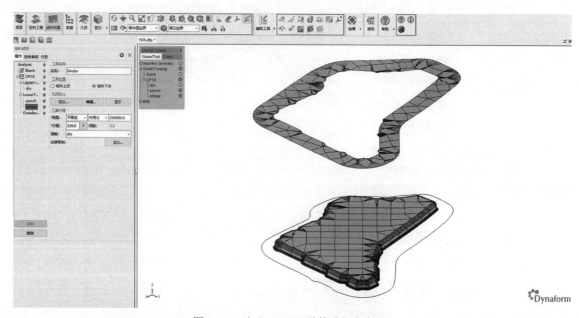

图 3-20   对"binder"零件进行定义

3.2.7   定义凹模"die"

对凹模"die"进行定义，凹模的定义只需直接选择"LOWDIE.igs"，然后依次选择"包

金属冲压成形仿真及应用
——基于 DYNAFORM

括""退出"即可。

对 die 进行平面法向定义的检查，根据法向原则，由工具指向板料。所以凹模的法线方向应该是向下的。如图 3-21 所示。

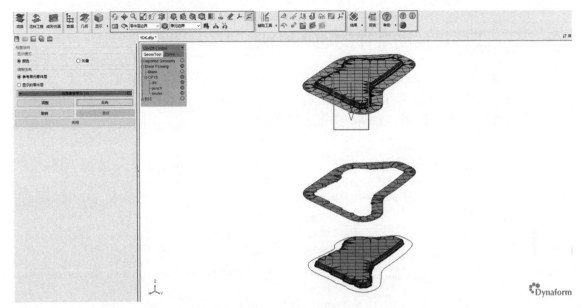

图 3-21　对"die"法线方向检查

3.2.8　工模具拉深工艺参数设置

在"板料成形"对话框中单击"binder"按钮，在"工具行程"选项卡中可以修改参数，默认为"作用力"，可以改为"弹簧"或者"速度"。本章试验选择作用力，如图 3-22 所示。

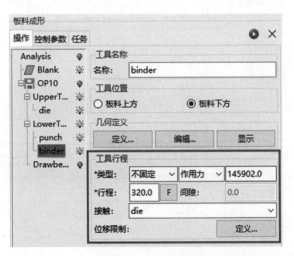

图 3-22　压边力设置

关于压边力计算：压边圈的压力必须适当，如果过大就要增加拉伸力，因而会使工件拉裂，而压边圈的压力过低就会使工件的边壁起皱。压边力计算式（3-1）如下：

$$F=P\times A \tag{3-1}$$

式中，F 为压边力，N；P 为单位压边力，MPa；A 为压边圈压板料的面积，mm^2。

运用 UG 软件求得试验中压边圈压板料的面积大约为 $48634mm^2$，根据《冲压手册》，选取单位压边力为 3MPa，可得压边力约为 145902N。

3.2.9 工模具运动规律的动画模拟

点击图 3-23 中 binder 的行程后"F"按钮，可以自动计算合适的压边圈的位置。在任务选项卡中勾选"减少冲压行程"后，再点击"预览"。软件会自动调整工具的间隙和位置，减少无效的空行程，减少计算时间。如图 3-24 所示。

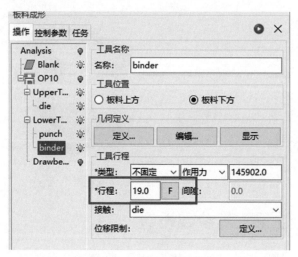

图 3-23 压边圈位置设置

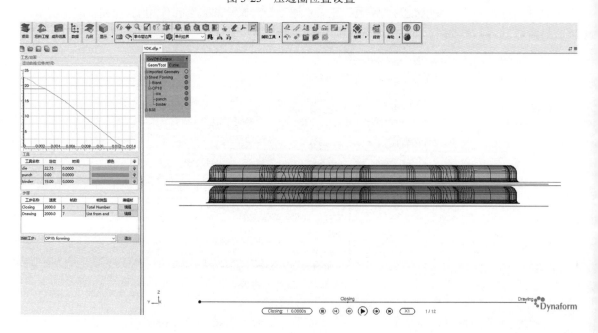

图 3-24 试验动画模拟

3.2.10 提交 LS-DYNA 进行求解计算

完成上述设置之后，即可点击"提交任务"进行计算。软件会提示是否需要保存模型，用户可以点击"确定"，或者预先保存后再提交任务。

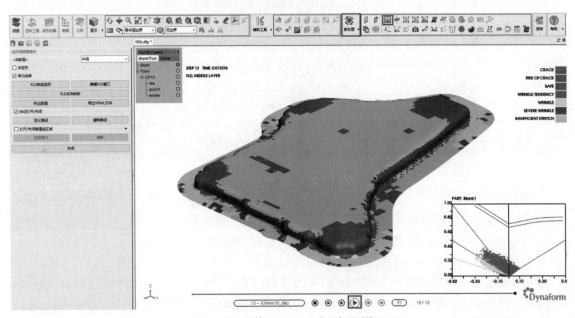

图 3-25 零件"blank"成形极限图

3.2.11　利用 eat/post 进行后处理分析

直接点击菜单栏中的结果按钮，选择 FLD 可以观察成形零件的变形过程。

从试验获得的 FLD 图 3-25 可见，零件没有出现破裂，大部分区域存在拉深不足的情况，成形质量较差，起皱严重，零件凸缘部分存在大片严重起皱区域，严重影响零件的实际使用。再结合厚度变化率进行定量分析，在后处理分析中，可以将增厚率作为起皱的评判指标，此时的最大减薄率已经达到 20.08%。

3.3　油底壳零件仿真优化试验及结果分析

3.3.1　板料形状优化仿真试验及结果分析

冲压零件的毛坯展开计算是冲压工艺设计的一个重要环节。坯料的形状对于成形质量的影响是比较大的，通常坯料都选择规则的形状，方便坯料的制备，提高加工的效率。本次试验首先采用梯形坯料进行试验，如图 3-26 所示。

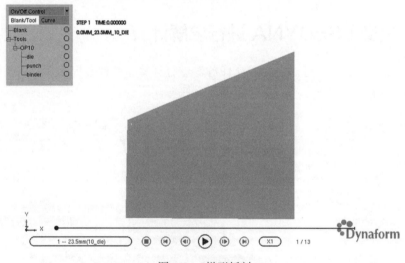

图 3-26　梯形板料

根据图 3-27 可以看出，成形没有出现破裂，但是有起皱趋势，特别是在边缘部分，由于油底壳存在凸缘以及需要打孔的部分，根据梯形件的成形结果可以发现，后期的加工难度较大，材料的利用率低，凸缘的质量也不好，考虑对坯料的形状进行优化。

坯料除了常规规则的形状外，还可以根据成形工件的轮廓进行相似性设计，尝试建立具有工件轮廓的坯料进行模拟试验，创建具有相同轮廓的坯料形状可以利用 DYNAFORM 坯料工程（BSE）模块进行坯料的估算，可以得到形状和工件相接近的坯料，如图 3-28 所示。精确的毛坯形状不仅能够节约原材料，防止拉深件在成形过程中的开裂、起皱等缺陷，还可以获得均匀的板厚，并且有助于减少拉深时所需的冲压力，从而减少模具的磨损。

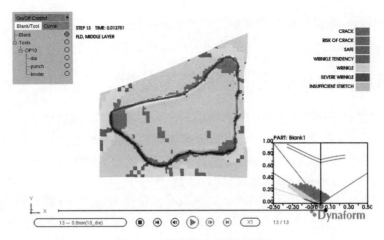

图 3-27　梯形板料成形极限图

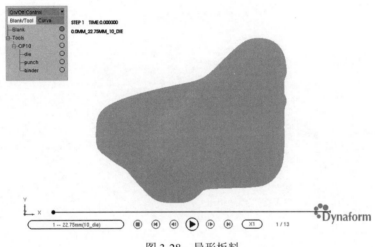

图 3-28　异形板料

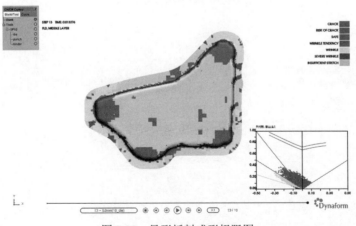

图 3-29　异形板料成形极限图

　　如图 3-29 所示，采用异形坯料没有出现破裂现象，凸缘部分总体形状成形较好，成形后的工件非常接近油底壳的实际形状，虽然存在起皱现象，但是可以通过后期参数优化以及简单的机加工切除就可以获得质量较好的油底壳工件，同时在材料利用率上也更高。综上所述，依据板料轮廓线生成的毛坯形状更节约成本。

3.3.2 压边力优化仿真试验及结果分析

在板材拉深成形过程中，主要的成形缺陷是起皱和拉裂，而压边力是影响板材成形质量的重要工艺之一。压边力的确定实际上与起皱和拉裂的预测紧密相关，压边力太小，工件就会起皱，若压边力太大，工件就有被拉裂的危险。当模具基本确定以后，可根据经验粗选压边力大小，然后再对成形过程进行数值模拟。如发现起皱，则加大压边力；如发现有拉裂的危险，则减小压边力。根据压边力计算公式和选取单位压边力为 3MPa 得到初次试验的结果，对试验结果进行分析，找出主要的缺陷以及缺陷出现的原因，为参数优化提供思路。

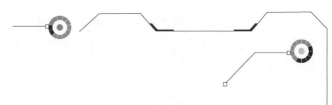

第4章
典型煤气罩壳体零件
冲压仿真试验及分析

本章主要针对一种典型的家用电器煤气灶外壳零件进行相应的拉深成形模拟与工艺参数优化。

4.1 典型家用电器零件特性分析及工艺简介

本章以一款常见家用嵌入式燃气灶盖板为例，零件 3D 几何模型如图 4-1 所示。该零件为类矩形件，顶部区域有两个对称凹台和一个凸台，且分布偏向一侧，两侧的变形量存在差异，导致圆角部位极易产生破裂缺陷，同时在零件的凸缘面受切向压缩易产生起皱缺陷。该类煤气灶件具有较高的外观质量要求，因此在成形分析时要尽量避免上述缺陷。

图 4-1　煤气罩壳体 3D 几何模型

基于零件成形过程分析，主要有落料、一次冲压成形、切边、冲孔等工序，本章针对一次冲压成形过程进行仿真模拟及优化。根据零件特点，拉延类型采用单动反向拉深，所有的工模具零件采用几何模型导入的方式。

4.2　煤气灶外壳零件仿真试验及结果分析

4.2.1　新建项目

启动 DYNAFORM 6.0 软件后，选择菜单栏"项目"命令，出现如图 4-2 所示的新建项目界面，在该界面中单击"新建项目"。系统会自动跳出如图 4-3 所示的项目信息界面。可以为该项目命名为"MQZ"，同时修改存储路径。选定"板料成形"，再点击"确定"按钮。系统会进入"新建板料成形"界面，如图 4-4 所示。按照图 4-3 中所示步骤 1—5 依次选择按钮，即可完成项目新建，进入具体的分析界面。

图 4-2　新建项目界面

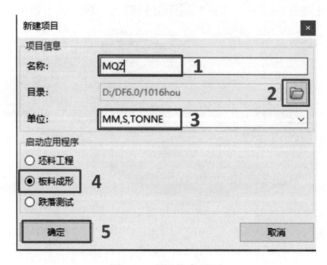

图 4-3　项目信息界面

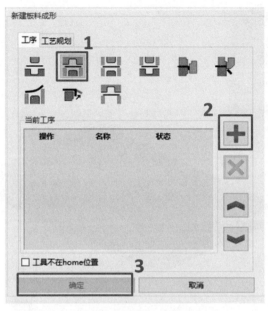

图 4-4　新建板料成形界面

4.2.2　模型文件的导入

选择菜单栏"几何"命令，依次按照图 4-5 所示，选择"导入"，按住 Ctrl 以及鼠标左键选择配套文件夹中的 igs 格式文件，并点击"打开（O）"完成模型导入。如图 4-6 所示，可通过查看几何管理器"几何"查看文件是否正确导入，以及可进行模型文件的删除或替换。

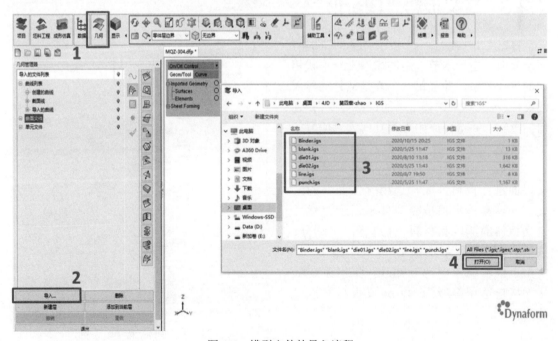

图 4-5　模型文件的导入流程

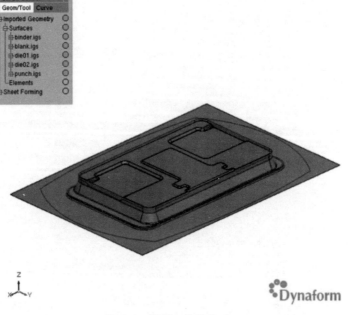

图 4-6　模型文件的显示

若导入模型文件后，存在两个坐标系，可通过辅助工具——"坐标管理器"将不需要的坐标系显示关掉，这样使视图画面的显示清晰简洁。

4.2.3　定义板料"Blank"

首先点击"Analysis"按钮，进入如图 4-7 所示界面。由于本节选用的模型没有形状相同的重合关系，并且每一个都是从外部导入的文件。因此这里选择工具的位移类型为"几何偏置"，并选择原始工具几何为"偏置的工具"。

然后点击"Blank"按钮，进入板料定义界面进行板料添加，选用"曲面"的定义方式，具体步骤按照图 4-8 所示。然后定义板料的厚度和材料，并进行网格划分，按照如图 4-9 所示步骤 1—6 依次操作。其中由于板料的厚度为 0.7mm，采用系统默认网格自适用等级为 4，定义板料网格尺寸为 2mm。

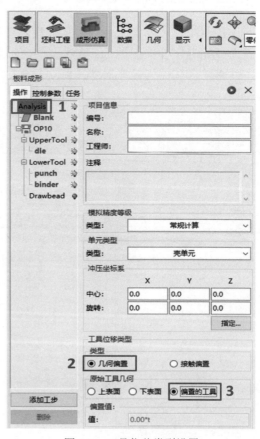

图 4-7　工具位移类型设置

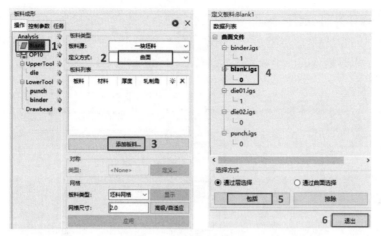

图 4-8 添加"blank"

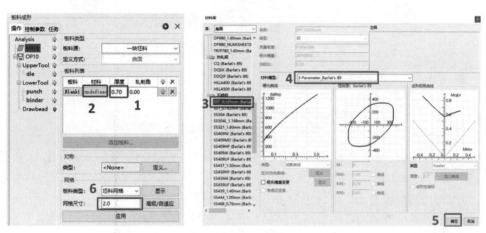

图 4-9 定义"Blank"

4.2.4 定义凹模 "die01"

在本次模拟中有两个凹模零件，其名称定义方法与前几章类似，依次进行两个凹模零件名称定义。首先点击"die01"按钮，选择"定义…"按钮，通过层选择的方式选择相应模型文件。按如图 4-10 所示步骤 1—5 操作即可。

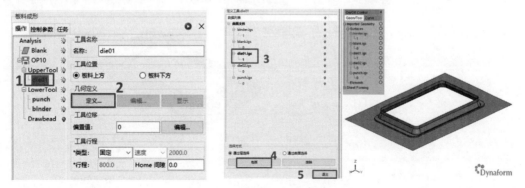

图 4-10 "die01"添加定义

在"die01"操作界面，选择"编辑…"按钮对其进行网格单元的操作。如图 4-11 为对"die01"零件进行网格划分的流程顺序步骤 1—5。单击 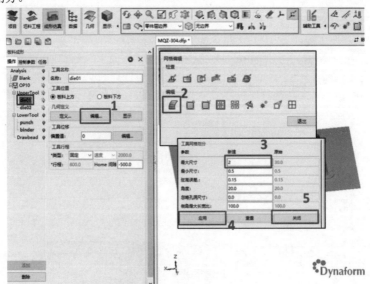 "工具网格划分"按钮，根据该零件的厚度为 0.7mm，填入对于工具划分的一个最大尺寸选择 2，其他几何尺寸可以保持缺省值，然后点击"应用"完成网格划分。

图 4-11 对"die01"网格划分

接下来对"die01"零件进行边界检查和平面法向的定义。如图 4-12 所示步骤 1—3 操作。选择 "边界显示"按钮可以看到"die01" 网格零件周围一圈黑色亮线，因为只有边缘线高亮，因此网格划分没有漏洞，无需修复。然后点击菜单栏中 "清除高亮显示"可以擦除亮线，并退出边界检查界面。然后点击 "平面法向检查"按钮，选择一个网格单元，具体流程，如图 4-13 所示，平面法向的检查原则：法线方向的设置总是指向板料。如果方向错误，可单击"反向"按钮进行修改。

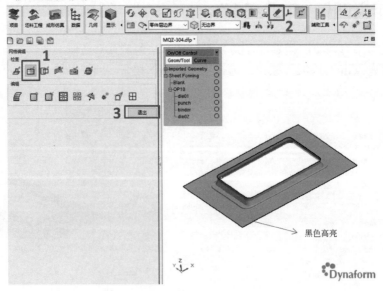

图 4-12 对"die01"进行边界检查

金属冲压成形仿真及应用
——基于 DYNAFORM

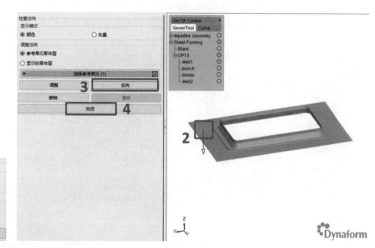

图 4-13　对"die01"进行法线方向确认

4.2.5　定义凹模 "die02"

在本次模拟中存在两个凹模，定义方法基本类似，依次进行定义。首先点击"UpperTool"按钮添加上部工具，并对名称进行修改。选择"定义…"按钮，通过面选择的方式选择相应模型文件。流程步骤 1-7 如图 4-14 所示。

在"die02"操作界面，选择"编辑…"按钮对其进行网格单元的操作。如图 4-15 为对"die02"零件进行网格划分的流程顺序（步骤 1—5）。首先单击　"工具网格划分"按钮，填入对于工具划分的一个最大尺寸，其他几何尺寸可以保持缺省值，然后点击"应用"完成网格划分。

同样对"die02"零件进行边界检查和平面法向的定义。如图 4-16 所示步骤 1—3 操作。选择　"边界显示"按钮可以看到"die02" 网格零件周围一圈黑色亮线，因为只有边缘线高亮，然后点击菜单栏中　"清除高亮显示"可以擦除亮线，并退出边界检查界面。然后点击　"平面法向检查"按钮，选择一个网格单元，具体流程如图 4-17 所示步骤 1—3。

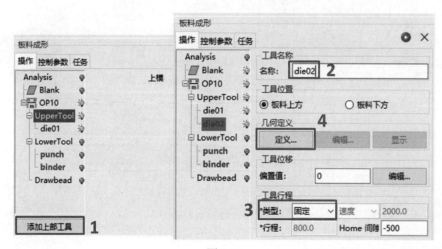

图 4-14

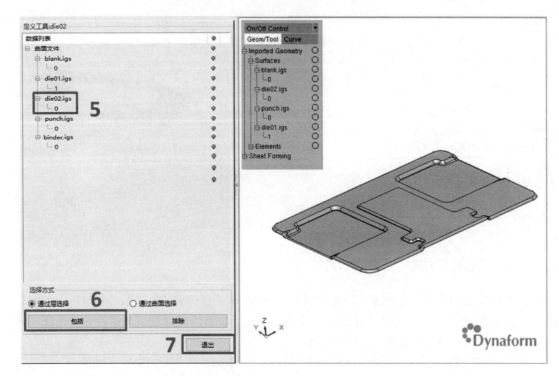

图 4-14　定义添加"die02"

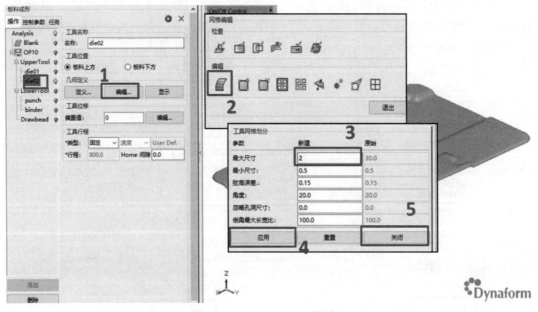

图 4-15　对"die02"网格划分

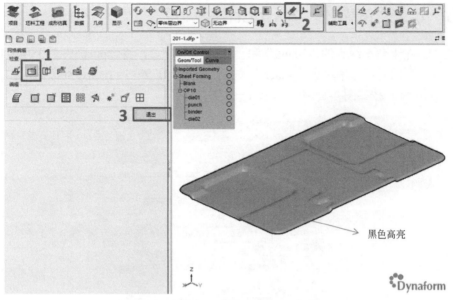

图 4-16 "对"die02"进行边界检查

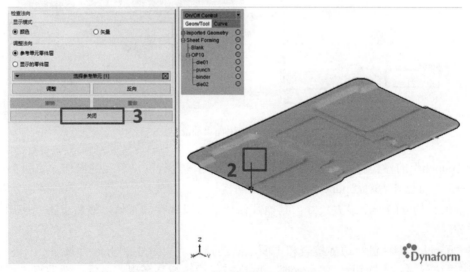

图 4-17 "对"die02"进行法线方向确认

4.2.6　定义凸模零件 "punch"

　　将主界面左上角小绿点的 "Blank" 和 "die" 进行隐藏,将 "punch" 置于当前零件层。在 "板料成形" 的对话框中单击 "punch" 按钮,选择 "定义…" 按钮,通过面选择的方式选择 punch.igs 文件。按如图 4-18 所示步骤 1—4 进行操作。

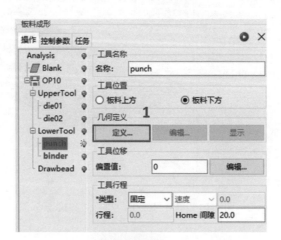

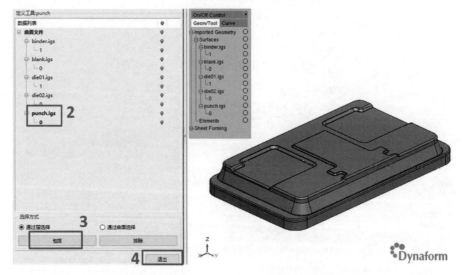

图 4-18　定义添加 "punch"

　　在 "punch" 的操作界面,选择 "编辑…" 按钮对其进行网格单元的操作。如图 4-19 所示步骤 1—5 进行操作。对 "punch" 零件进行网格划分。首先单击 ⬚ "工具网格划分" 按钮,填入对于工具划分的一个最大尺寸,其他几何尺寸可以保持缺省值,然后点击 "应用" 完成网格划分。

　　对 "punch" 零件进行边界检查和平面法向的定义。如图 4-20 所示步骤 1—3 进行操作。选择 ⬚ "边界显示" 按钮, "punch" 网格零件边缘线高亮黑线显示,然后点击菜单栏中 ✎ "清除高亮显示" 可以擦除亮线,并退出边界检查界面。然后点击 ⬛ "平面法向检查" 按钮,选择一个网格单元,具体流程步骤 1—3,如图 4-21 所示。

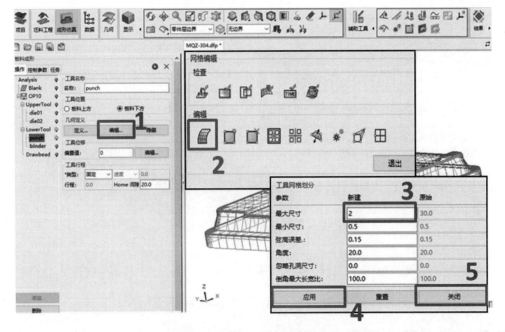

图 4-19　对"punch"网格划分

图 4-20　对"punch"进行边界检查

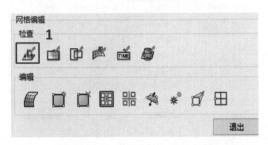

图 4-21

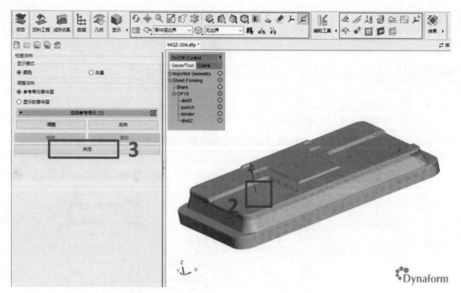

图 4-21　对"punch"进行法线方向检查

4.2.7　定义压边圈零件"binder"

选择"binder"按钮，选择"定义…"按钮，通过面选择的方式选择 binder.igs 文件。流程步骤 1—5，如图 4-22 所示。

在"binder"的操作界面，选择"编辑…"按钮对其进行网格单元的操作。如图 4-23 所示步骤 1—5 对"binder"零件进行网格划分。首先单击 "工具网格划分"按钮，填入对于工具划分的一个最大尺寸，其他几何尺寸可以保持缺省值，然后点击"应用"完成网格划分。

对"binder"零件进行边界检查和平面法向的定义。如图 4-24 所示步骤 1—3 进行操作。选择 "边界显示"按钮，"binder"网格零件边缘线高亮黑线显示，然后点击 "清除高亮显示"可以擦除亮线，并退出边界检查界面。然后点击 "平面法向检查"按钮，选择一个网格单元，方向向上指向板料，方向正确并退出。具体流程步骤 1—3，如图 4-25 所示。

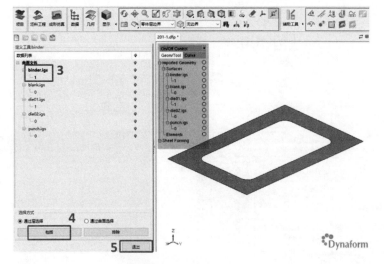

图 4-22 定义添加"binder"

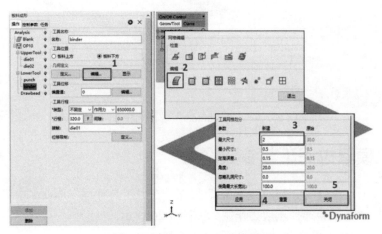

图 4-23 对"binder"网格划分

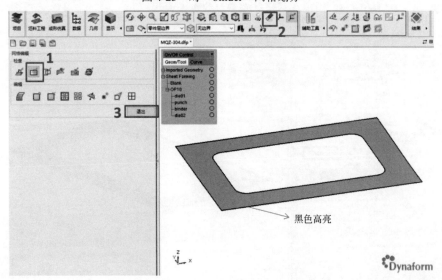

图 4-24 对"binder"进行边界检查

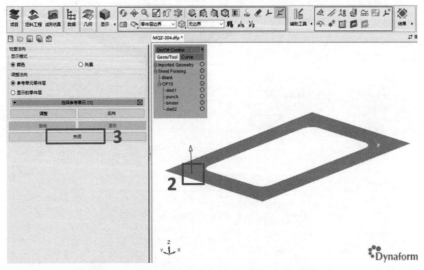

图 4-25 对零件"binder"进行法线方向确认

4.2.8 工模具拉深工艺参数设置

在"板料成形"对话框中单击"binder"按钮，在"工具行程"选项卡中可以修改，默认为"作用力"。本章试验选择压边力作用，如图 4-26 所示。

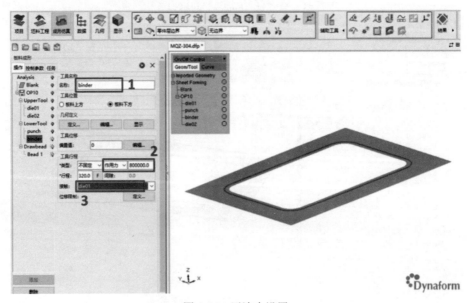

图 4-26 压边力设置

金属冲压成形仿真及应用
——基于 DYNAFORM

关于压边力计算：压边圈的压力必须适当，如果过大就要增加拉伸力，使工件拉裂，而压边圈的压力过低就会使工件的边壁起皱。压边力计算式（4-1）：

$$F = P \times A \qquad\qquad (4-1)$$

式中，F 为压边力，N；P 为单位压边力，MPa；A 为压边圈压板料的面积，mm^2。

用 UG 软件求得压边圈的面积约为 213660 mm^2，根据《冲压手册》，选取单位压边力为 3.0～4.5MPa，可得压边力在 640～960kN。这里取压边力 800kN。

点击图 4-27 中"binder"的行程后方"F"按钮，可以自动计算合适的压边圈的位置。

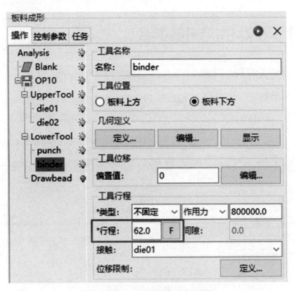

图 4-27　压边圈位置设置

4.2.9　工模具运动规律的动画模拟演示

各阶段定义完成后，用户可以预览工具的运动是否正确。当选择模型树分析时，用户可以在多个阶段预览所有阶段的运动。

在任务选项卡中勾选"减少冲压行程"后，再点击"预览"。软件会自动调整工具的间隙和位置，减少无效的空行程，减少计算时间。如图 4-28 所示。

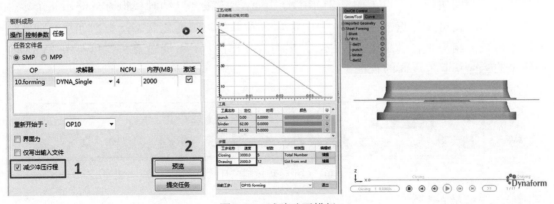

图 4-28　试验动画模拟

4.2.10 提交 LS-DYNA 进行求解计算

完成上述设置之后，即可点击提交任务计算。软件会提示是否需要保存模型，用户可以点击"确定"，或者预先保存后再提交任务。

4.3 后处理分析

4.3.1 观察成形零件的变形过程

分析运算完成后，在 DYNAFORM 6.0 的前处理中点击菜单栏中的![Result]"Result"命令，进入后处理程序。或者在菜单中选择"Open/Poject"命令，浏览保存结果文件目录，选择保持自定义的文件夹中的"*.d3plot"文件，点击"Open"按钮，读取 ls-dyna 结果文件。为了重点观察零件"Blank"的成形状况，点击菜单栏中的![icon]"Blank Park Only"只显示"Blank"，然后点击![play]"Play"按钮，以动画形式显示整个变形过程，点击"End"按钮结束动画，如图 4-29 所示。

图 4-29　板料变形的控制栏

4.3.2 观察成形零件的成形极限图及厚度分布云图

点击如图 4-30 所示各种按钮可观察不同的零件成形状况，例如点击其中的![icon]"Forming Limit Diagram"按钮和![icon]"Thickness"按钮，即可分别观察成形过程中零件"Blank"的成形极限及厚度变化情况，如图 4-31 所示为零件"Blank"的成形极限图，如图 4-32 所示为零件"Blank"的厚度变化分布云图，如图 4-33 所示为板料厚度增薄率云图。根据云图显示，在本次的模拟试验中板料在进行拉深成形结果中发生破裂，位置在短直角边的凸台圆角处。可点击图 4-31 中![play]"play"按钮，以动画模拟方式演示整个零件的成形过程，也可选择点击图 4-31 中的选项查看每一帧的变化状态，根据计算数据观察云图分析成形结果是否满足工艺要求。如果需要导出图片，可通过点击菜单栏中"View"按钮中的![icon]获取主页面的视图。

图 4-30　成形过程控制工具按钮

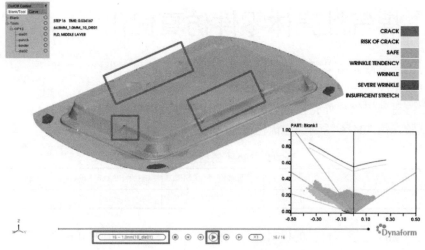

图 4-31　零件"Blank" 成形极限图

图 4-32　零件"Blank" 板料厚度变化分布云图

图 4-33　板料厚度增薄率云图

4.4　煤气灶壳体零件仿真优化

通过对上述有限元结果的分析，这里提供两种优化的思路供读者学习。

方法一：单因素——材料的选取对仿真试验结果的影响。

方法二：进行煤气灶外壳拉延筋的优化设计试验及结果分析。

本次试验选用 304 不锈钢进行优化试验对比分析。表 4-1 是 304 不锈钢的基本参数。

表 4-1　304 不锈钢力学性能参数

板厚 t/mm	杨氏模量 E/GPa	泊松比 μ	屈服强度 $\sigma_{0.2}$/MPa	抗拉强度 σ_b/MPa	各向异性系数 r
0.7	207	0.28	≥205	≥520	r_{00}=1；r_{45}=1；r_{90}=1

接下来对 304 不锈钢材料的板料进行模拟试验。这里将之前的.dfp 文件保存，然后复制一份分别粘贴到另两个新建的"304"文件夹中，这里选取板料的材料类型为 SS304 不锈钢，其他参数不改变。得到模拟试验结果，如图 4-34 所示。

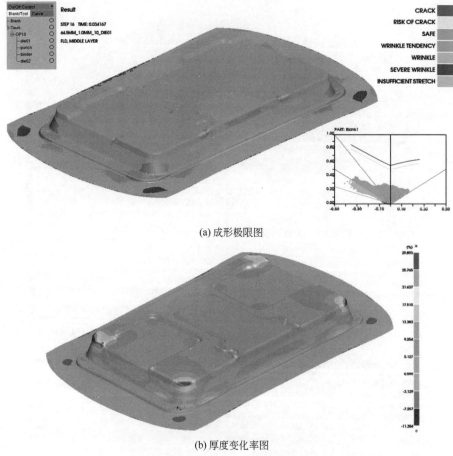

(a) 成形极限图

(b) 厚度变化率图

图 4-34　更新后的 SS304 不锈钢的模拟结果云图

由图 4-34 可以看出，SS304 不锈钢拉深成形效果及厚度变化率都能基本满足该零件成形

金属冲压成形仿真及应用
——基于 DYNAFORM

要求，整个零件起皱主要出现在零件凸缘部分（这部分在后续工序中将被切除），不影响零件整体成形质量，而且考虑到作为煤气灶外壳使用，304 不锈钢材料的抗腐、抗酸、抗潮性能和光泽度要更好一些，综上分析，在该零件成形分析中选择材料 304 不锈钢作为零件用材。

为了让起皱缺陷得到更好的改善，对采用 304 不锈钢进行零件模拟时考虑了进一步的拉延筋优化方案。具体模拟试验中，其他工艺参数条件不改变，采取了整体拉延筋强度 15%进行相关模拟试验如图 4-35，图 4-36 所示。

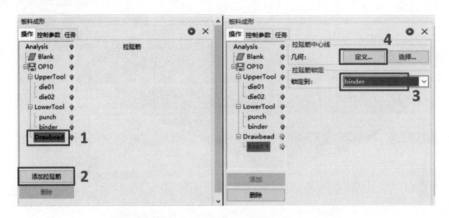

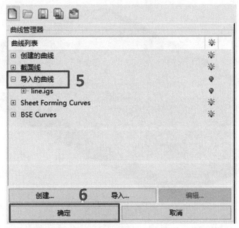

图 4-35　添加拉延筋"Draw bead"

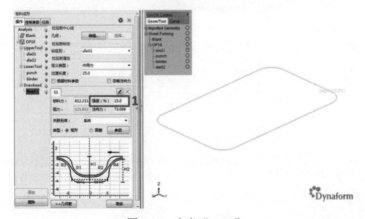

图 4-36　定义"Bead"

关于拉延筋设置步骤说明：首先进行拉延筋的添加并将拉延筋定义到"binder"上，然后定义拉延筋几何曲线，通过选取已经导入的曲线"line"进行定义。定义完成后，需要对拉延筋强度进行参数设置，然后进行数值模拟试验，模拟试验结果如图 4-37 所示。

由图 4-37 可见，添加了整体拉延筋强度 5%的拉延筋，煤气灶整体的成形较没有添加时更好。在零件壳体结构部分没有出现起皱和成形不完全等成形缺陷。

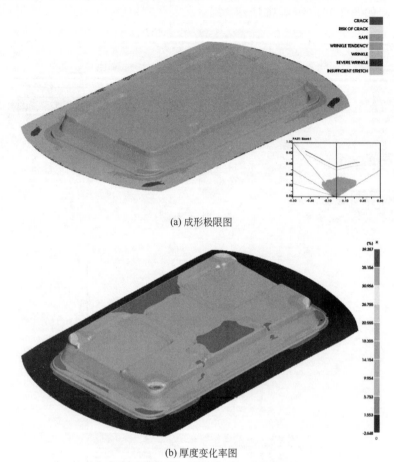

(a) 成形极限图

(b) 厚度变化率图

图 4-37　采用 304 不锈钢，15%压延阻力强度的模拟结果云图

第5章
汽车后行李厢盖板冲压成形仿真及分析

本章主要针对一种典型的汽车外覆盖件零件——后行李厢盖板进行相应拉深成形模拟与工艺参数优化。

5.1 汽车后行李厢盖板零件特性及工艺简介

本节以某车型汽车后行李厢盖板为例，零件几何模型如图 5-1 所示。该零件空间结构复杂，具有较大的弯曲及拉深深度，因此在零件变形较大的地方容易出现凹坑等缺陷。在零件成形设计中需要进行工艺补充面的设计，补充之后的工艺面，如图 5-2 所示。

图 5-1　汽车行李厢盖板几何模型

图 5-2　零件工艺补充面

作为汽车外覆盖件——后备厢盖板工艺要求：零件外表不能有起皱、波纹、凹痕、拉伤等明显成形缺陷。基于上述工艺要求，要拉深成形该零件，不仅要满足使用功能的要求，也要满足表面美观要求。

后备厢盖板零件的冲压成形工序为：落料、拉深、修边、翻边、整形等。由于该零件表面具有较高的外观要求，而拉深成形对零件的质量影响很大，本章将主要对后备厢盖板的拉深工步进行仿真试验及工艺参数优化分析。

5.2　车用后行李厢盖板零件仿真试验自动设置

5.2.1　新建项目

启动 DYNAFORM 6.0 系统，选择菜单栏"项目"命令，单击"新建项目"，出现如图 5-3 的新建项目工程界面，给"新建项目"进行工程命名和工作目录的设定，给此次仿真模拟命名"HBX"，尺寸、速度和力的单位分别是 MM、S 和 TONNE。选定"板料成形"按钮，按照图 5-4 的步骤 1—4 进行，点击"确定"按钮，完成项目工程的新建。此时系统弹出主界面图的"新建板料成形"对话框，按照如图 5-5 所示步骤 1—3 进行操作，完成"新建板料成形"对话框的设置。

图 5-3　新建项目界面　　　　　　　　　图 5-4　工程的命名与工作目录的设定

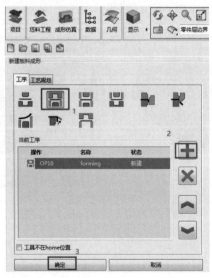

图 5-5　"新建板料成形"对话框设置

金属冲压成形仿真及应用
——基于 DYNAFORM

5.2.2 导入模型文件

进入前处理主界面，工模具偏置类型选择"接触偏置"，单元类型为壳单元，原始工具"几何"选择"上表面"，其他默认系统的缺省设置。点击主界面菜单栏"几何"会出现"导入"对话框，如图 5-6 所示步骤 1—2 进行操作。单击"导入…"出现模型文件对话框，根据零件的特点，如图 5-7 所示，依次选定模型文件"die.igs""blank.stp""bead.igs"，点击"打开（O）"按钮，完成模型文件的导入，可查看几何管理器（如图 5-8 所示）确定文件是否正确导入。

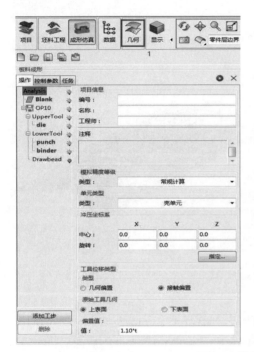 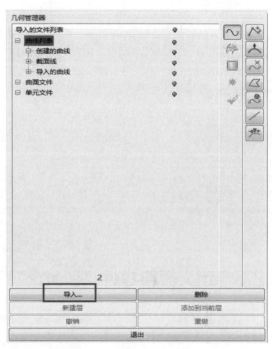

图 5-6　模型文件导入对话框

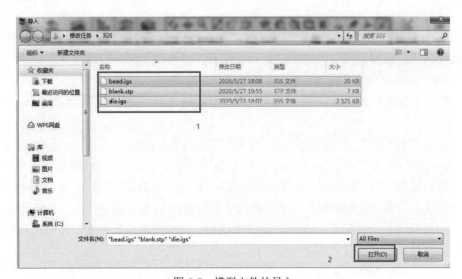

图 5-7　模型文件的导入

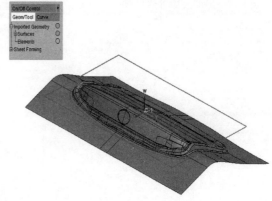

图 5-8　模型文件的显示

5.2.3　定义板料零件"blank"

经过模型零件导入之后，出现如图 5-9 所示的"几何管理器"对话框，在"导入的曲线"下面会出现导入的模型零件名称，同时删除模型零件中"blank.stp"下面的曲线"Curve_3，Curve_6，Curve_7"。在主界面会出现板料和凹模等模型的视图，点击"退出"选项卡，退回到"新建板料成形"对话框的界面，点击"Blank"按钮，进入图 5-9 板料定义对话框的界面，把主界面左上角的"die"进行隐藏，让"Blank"处于当前的零件层。这里选择板料源为"一块坯料"，板料定义的方式为"坯料轮廓线"，点击"定义轮廓线…"按钮，会出现"板料坯料轮廓线生成器"的对话框，点击"添加"按钮进入"曲线管理器"，这里点击"确定""退出"完成板料的定义，界面返回到"新建板料成形"对话框，板料设置具体步骤，如图 5-9 所示。

在"新建板料成形"对话框的界面，设置板料厚度为 1.0mm，点击"材料"选项卡进入图 5-10 的材料库框，根据图 5-10 中所示步骤 1—5 进行操作。首先选择欧洲标准的"DX53D"材料和"材料模型"为"3-Parameter_Barlat's 89"，再点击"确定"选项卡完成板坯材料的设置，在板料类型选择"坯料网格"，"网格尺寸"设置为 5mm，点击"显示"选项卡可以查看板坯网格划分情况，如图 5-11 所示。点击"应用"完成网格划分设置，其他保持系统缺省设置，到此板料的定义已经完成。

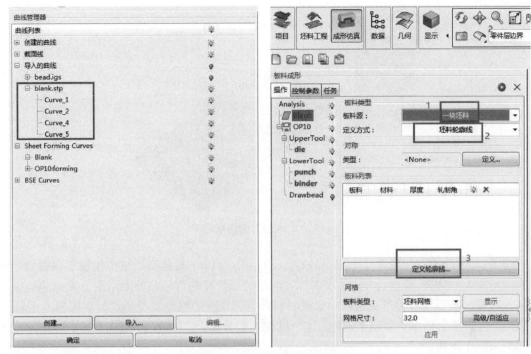

图 5-9　定义"Blank"对话框

提示：①板料定义类型下提供 4 种方式，板料轮廓线（Outline），曲面（Surface），单元（Element），结果文件（Result Files）获取。这里只导入板料轮廓线。

②在 DYNAFORM 6.0 软件系统中提供板料轮廓线快速生成的方法，在"板料轮廓线生成器"下面点击"创建"会进入曲线编辑器，按照图 5-10 的步骤进行材料的定义，具体的根据实际情况确定。

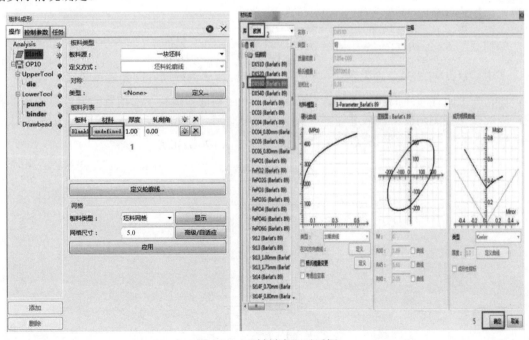

图 5-10　"材料库"对话框

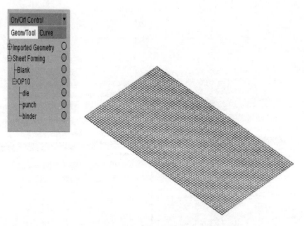

图 5-11 "Blank" 的网格划分

提示：① 应力应变曲线（Hardering Curve）。图 5-10 的材料对话框中出现了该曲线，曲线的横坐标表示应变，纵坐标是外加的应力，曲线的形状反映材料在外力作用下发生的脆性、塑性、屈服、断裂等各种形变过程。金属材料具有弹性变形性，若在超过其屈服强度之后继续加载，材料发生塑性变形直至破坏，这个过程一般分为：弹性阶段、屈服阶段、强化阶段、局部变形四个阶段。

② 屈服准则（Yield Criterion）。DYNAFORM 6.0 根据不同的材料，屈服准则提供三个屈服面：Mises 屈服面、Barlat89 屈服面和 Hill48 屈服面。在屈服理论中有各向同性屈服准则和各向异性屈服准则，在板料成形仿真过程中，板料的变形状态会发生变化，从弹性状态过渡到塑性状态，因此板料选取弹塑性材料模型。在进行仿真试验过程中，板料在冲压成形过程中的各向异性对成形有重要影响。Barlat 平面各向异性弹塑性模型和基于 Hill 厚向异性的弹塑性模型在有限元理论中发挥重要影响。Hill 屈服准则是 Hill 材料模型的理论基础，其屈服准则，如式（5-1）所示：

$$\phi(\sigma)=\sqrt{\frac{1}{1+r}\left|\sigma_1-\sigma_2\right|^2+\frac{1}{1+r}\left|\sigma_2-\sigma_3\right|^2+\frac{1}{1+r}\left|\sigma_3-\sigma_1\right|^2} \tag{5-1}$$

式中，$\sigma_i(i=1,2,3)$ 分别表示第一、二、三主应力；r 为厚向各向异性系数。

Barlat 平面各向异性弹塑性模型考虑了材料厚向异性和板料平面内各向异性对成形的影响，因此该模型刻画板料成形过程更形象。其屈服准则，如式（5-2）～式（5-6）所示。

$$\phi=\alpha\left|K_1-K_2\right|^m+\alpha\left|K_1-K_2\right|^m+(2-\alpha)\left|2K_2\right|^m \tag{5-2}$$

$$K_1=\frac{\sigma_x-h\sigma_y}{2} \tag{5-3}$$

$$K_2=\sqrt{\left(\frac{\sigma_x-h\sigma_y}{2}\right)^2+p^2\tau_{xy}^2} \tag{5-4}$$

$$\alpha=2-2\sqrt{\frac{r_0}{1+r_0}\times\frac{r_{90}}{1+r_{90}}} \tag{5-5}$$

$$h=\sqrt{\frac{r_0}{1+r_0}\times\frac{1+r_{90}}{r_{90}}} \tag{5-6}$$

式中，r_0、r_{90} 表示材料的各向异性参数；p 为厚向异性材料参数，由 r_{45} 确定；K 为强度系数；h 为附加的各向异性材料系数；m，对于面心立方材料，$m=8$，对于体心立方材料，$m=6$。

③ 许多学者已通过对板料成形性能的试验分析研究，得到了板料冲压成形的成形极限图（Forming Limit Diagrams，FLD）。通过成形极限图可以直观地看出工件是否存在破裂、起皱等缺陷的趋势，如图 5-12 所示。

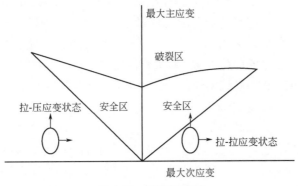

图 5-12　成形极限图

当板料塑性变形的综合变形处在安全区以下时代表压边力不足，导致成形不充分，会出现起皱等缺陷。一般板料成形中发生起皱是由于部分区域的压力过大所致。拉深过程中起皱的类型有两种：一种是法兰部位的起皱，另一种是发生在壁部的起皱。相对来说，法兰部位的起皱可以通过增加压边力来控制，而壁部的起皱问题较难控制，因此找到一种起皱的临界条件，对设计人员优化板料成形是非常有帮助的。基于剪切理论的基础，板成形的临界起皱应力，如式（5-7）所示：

$$\sigma_{cr} = \frac{1}{\sqrt{3}} \times \frac{h}{R_2} \left(L_{11} L_{12} - L_{12}^2 \right)^{\frac{1}{2}} \tag{5-7}$$

式中，h 为该处的板厚；R_2 为主曲率半径；L_{ij} 为增量刚度矩阵。

有限元分析起皱判断流程图，如图 5-13。当板料塑性变形的综合变形处在安全区边界时，表示成形工件基本满足设计要求。当在安全区域内时，距离安全区边界越远，表示成形质量越高。在安全区以上时，就会出现破裂等缺陷。

破裂是拉深失稳在板料冲压成形中的主要表现形式。成形过程中，随着变形的发展，材料的承载面积不断缩小，其应变强化效应不断增加。当应变强化效应的增加能够补偿承载面积缩减时，变形能稳定地进行下去；当两者相等时，变形处于临界状态；当应变强化效应的增加不能补偿承载面积缩减时，板料的变形就发生了，首先发生在承载能力较弱的部位，变形继续发展将最终导致板料出现破裂。破裂按发生的部位可分为 5 类：凸模端部破裂，此类裂常出现在拉深成形、拉深-胀形复

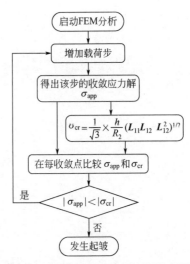

图 5-13　有限元分析起皱判断流程图

合成形等成形过程中；侧壁破裂，包括壁裂、伸长类翻边的侧壁破裂和双向拉应力下的侧壁破裂；凹模圆角部位的破裂，包括拉弯破裂和弯曲破裂；法兰部位的破裂，多发生在伸长类翻边的成形工序中；其他破裂，主要有拉深筋作用引起的破裂以及由起皱引起的破裂等。

当然在板料冲压成形过程中，有很多因素都可能引起破裂，不合理的工艺参数也会造成破裂，如冲压速度、压边力、拉深筋参数等。

④ 单元类型的选择。运用软件时，模拟结果的精度是需要关心的，而其中影响计算精度的主要因素就是单元类型的选择。在有限元计算中，为了简化问题，一般采用一定假设条件下建立的板壳单元进行分析。因为壳体理论是在一定假设条件下建立的简化模型，所以很多学者对板壳理论提出了各自的简化类型，对板料冲压进行 CAE 分析时，可供选择的单元类型也非常多。目前 DYNAFORM 系统中提供三大类单元，分别是薄膜单元、实体单元、壳单元。

ⓐ 因薄膜单元对内存要求小而且构造格式简单，应用较多，但是其忽略了弯矩、扭矩以及横向剪切对成形的影响，也减少了自由度的数目，自然影响到它的计算精度，其应用受到一定限制。虽然薄膜单元受到了一定限制，但是对于以拉深为主、弯曲效应不大的成形模拟，它还是非常有效的。但是对于汽车覆盖件来说，其变形过程中会有强烈的弯曲，必须要考虑弯曲效应，否则会产生较大误差，所以薄膜单元并不适用于汽车覆盖件的成形分析。

ⓑ 与薄膜单元相比，实体单元考虑了弯曲和剪切效应，但它的缺点是需要对板料进行很细的网格划分，所以计算时间很长，对内存需求较大。

ⓒ 壳单元集中了薄膜单元与实体单元的优点，它同时考虑了弯曲和剪切效应，而且计算效率很高，对内存要求也较小，所以壳单元理论广泛应用于板料冲压成形 CAE 分析中。壳单元包括 HL 单元和 BT 单元，HL 单元是从三维实体单元退化而来的，其优点是计算精度很高，缺点是计算量太大；BT 单元多采用多层一点积分和沙漏黏性四节点四边形形式的非线性单元，是一种随动坐标系的应力计算法，目前在有限元分析中使用很广泛。

系统提供三种定义应力应变曲线的方法，后续将进行阐述。

5.2.4 定义凹模零件"die"

首先将主界面左上角小绿点的"Blank"进行隐藏，将"die"置于当前零件层。在图 5-14 的"板料成形"对话框中点击"Upper Tool"选项卡中的"die"按钮，此时工具位置设置为板料上方，工具行程类型为固定，点击"定义…"按钮，如图 5-14 所示，即弹出"几何定义：die"对话框，点击"数据列表"下面的"die.igs"按钮。如图 5-15，零件"die"呈高亮绿色显示，点击"包括"之后颜色变成高亮灰色，表明"die"选中，按照图中步骤可调节视图的观察角度，具体如图 5-15 所示，退回到图 5-14 的界面。

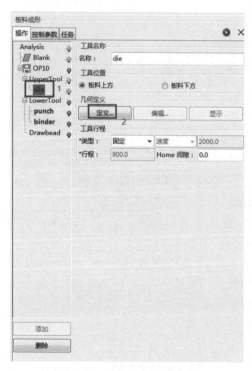

图 5-14　定义"die"对话框

点击几何定义下面的"显示","编辑…"进入网格编辑对话框，选择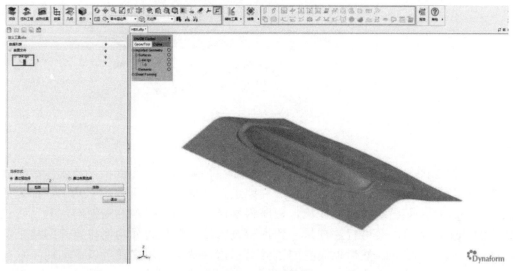"工具网格划分"按钮，弹出"工具网格划分"对话框，设置参数（建立的最大网格尺寸为10mm，最小的尺寸单元1.0mm，其他几何尺寸保持缺省值），在新的对话框中依次点击"应用"按钮、"关闭"按钮，具体操作步骤1—5，如图5-16所示。

图 5-15 定义凹模

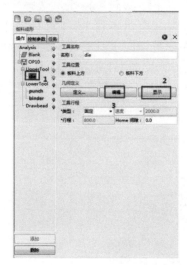

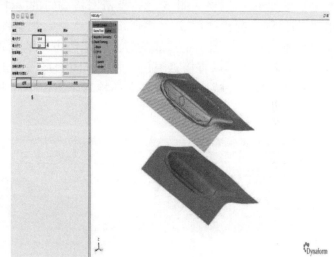

图 5-16 凹模的网格划分

对凹模进行网格检查，在主界面左上角"Geom/Tool"中点击小绿点 "Blank"按钮，关闭"Blank"，打开"die"，点击 "边界显示"按钮可以看到凹模周围一圈黑色亮线和分区域有小框，点击菜单栏中 "清除高亮显示"可以擦除黑色亮线，如图5-17进行边界检查，可以通过主界面的菜单栏 查看。这里网格划分后还要对网格进行检查和修补，防止网格中存在一些潜在的、影响模拟的缺陷，具体的网格修补不在这里陈述。

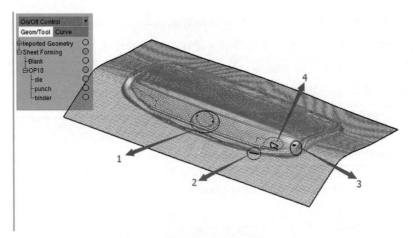

图 5-17　对零件 "die" 进行边界检查

　　网格检查主要包括两个方面：法向一致性和网格缺陷。实际上，只要大多数单元的法向量是一致的，程序就能接受，并且顺利地进行计算。如果所有的单元中，部分的单元法向量不一致，即出现不同的区域，程序将不能正确通过接触约束板料，为了防止这一情况的发生，常常需要进行法向量一致性检查。显示模型边界功能将检查网格上的间隙、孔洞、退化的单元，然后以高亮的边界显示这些缺陷，用户便可以手动纠正这些缺陷，可以看到边界检查有四处网格需要修补，运用软件自带的网格修补功能进行修复，修复之后的 "die" 网格如图 5-18。点击网格编辑的 💠 "平面法向" 按钮，选择零件 "die" 凸缘面，弹出如图 5-19 中所示的对话框，根据图 5-19 所示步骤 1—4 进行操作。点击 "调整" 按钮如图确定法线的方向（法线方向的设置总是指向工具与坯料的接触面方向，方向若是对可以直接点退出，如果方向相反需要点击 "反向" "调整" 再退出）。点击 "关闭" 按钮完成网格法线方向的检查。点击 "退出" 按钮返回到图 5-14 的 "板料成形" 对话框。

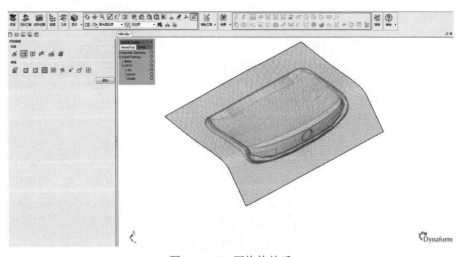

图 5-18　die 网格修补后

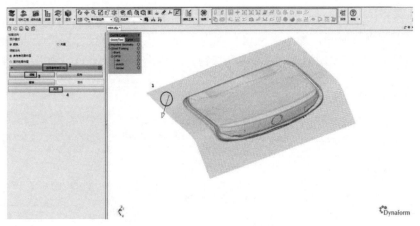

图 5-19　对零件"die"进行网格法线方向检查

5.2.5　定义压边圈零件"binder"

首先可将主界面左上角小绿点的"Blank"进行隐藏，将"die"置于当前零件层。在"板料成形"的对话框中点击"Lower Tool"选项卡中的"binder"按钮，点击几何定义下面的"定义…"按钮，即弹出"定义工具：binder"对话框，如图 5-20 所示。点击"数据列表"下面的"die.igs"，零件"die"呈绿色高亮显示，表明"die"选中。按照图 5-20 中的步骤 1—4，进行压边圈的复制定义，复制后的压边圈成灰色高亮，可调节视图的观察角度，点击"退出"按钮，返回到图 5-20 的"板料成形"压边圈主界面。点击"binder"选项卡中的"编辑…"按钮进入网格编辑对话框，在主界面左上角"Geom/Tool"中点击小绿点"die"按钮，让 die

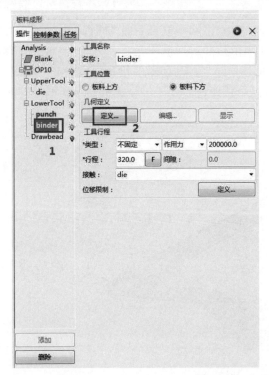

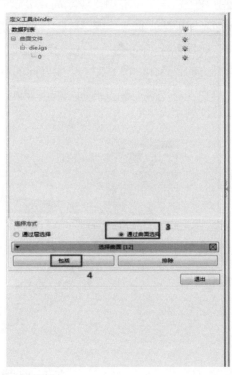

图 5-20　"binder"对话框

隐藏，点击 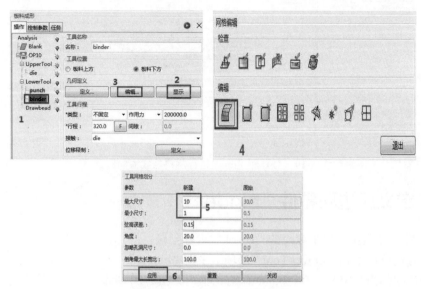 选择"工具网格划分"按钮，弹出"工具网格划分"对话框，设置参数（建立的最大网格尺寸为 10mm，最小的网格尺寸为 1mm，其他几何尺寸保持缺省值），在新的对话框中依次点击"应用"按钮、"关闭"按钮，具体操作步骤 1—6，如图 5-21 所示。

图 5-21　"binder"的网格划分

对压边圈进行网格检查，在主界面左上角"Geom/Tool"中点击小绿点 "Blank、die"按钮，关闭"Blank"与"die"，打开"binder"，点击"边界显示"按钮可以看到压边圈出现黑色亮线，点击菜单栏中"清除高亮显示"可以擦除亮线，如图 5-22 边界检查，可以通过主界面菜单栏 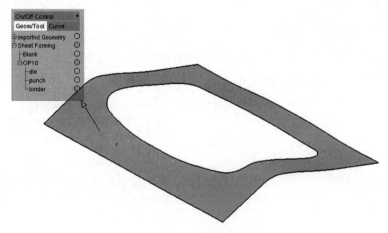 从不同角度查看。点击网格编辑下面"检查"中的平面法向按钮，选择零件"binder"凸缘，弹出如图 5-23 中所示的对话框，点击"反向""调整"确定法线的方向，具体如图 5-23（法线方向的设置总是指向工具与坯料的接触面方向）。点击"关闭"按钮完成网格法线方向的检查。点击"退出"按钮返回到"板料成形"对话框。到此完成压边圈的定义。

图 5-22　对零件"binder"进行网格法线方向及边界检查

金属冲压成形仿真及应用
——基于 DYNAFORM

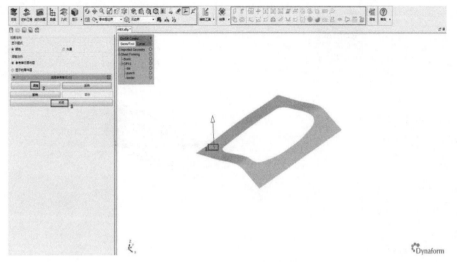

图 5-23　"binder" 的设置

5.2.6　定义凸模零件 "punch"

　　首先可将主界面左上角小绿点的"Blank"进行隐藏，将"die"置于当前零件层，零件"die"呈高亮显示，表明"die"选中。在"板料成形"的对话框中点击"Lower Tool"选项卡中的"punch"按钮，工具位置位于板料下方，工具行程类型为固定，点击几何定义下面"定义…"按钮，如图 5-24 所示步骤 1—2 进行操作，即弹出"定义工具：punch"对话框，点击"数据列表"下面的"die.igs"，按照图 5-25 中步骤 1—4 进行凸模的复制定义，复制后如图 5-25 的凸模成灰色高亮，可调节菜单栏视图的观察角度，点击"退出"按钮，退回到板料成形的主界面。点击"punch"选项卡下面几何定义中的"显示""编辑…"按钮进入网格编辑对话框，然后选择 "工具网格划分"按钮，弹出"工具网格划分"对话框，设置参数（建立的最大网格尺寸为 10mm，最小的尺寸单元 1.0mm，其他几何尺寸保持缺省值），在新的对话框中依次点击"应用"按钮、"关闭"按钮，具体操作步骤 1—2 如图 5-26 所示。

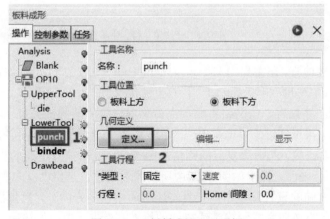

图 5-24　"板料成形"对话框

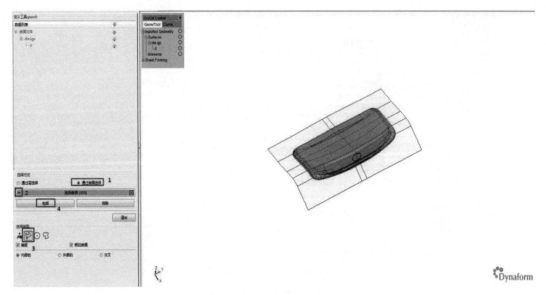

图 5-25　凸模的复制定义

图 5-26　凸模的网格划分

对凸模进行网格检查，在主界面左上角"Geom/Tool"中点击小绿点 "Blank、die、binder" 按钮，关闭"Blank""die"和"binder"，打开"punch"，点击 ▣ "边界显示"按钮可以看到凸模出现亮线，并且有一些网格重叠，点击菜单栏中"清除高亮显示"可以擦除亮线，如图 5-27 边界检查，可以通过主界面菜单栏 🔲 🔲 🔲 🔲 从不同角度查看。对图 5-27 出现的网格重叠需要修复，凸模修复后的网格如图 5-28。点击检查下面的"平面法向"按钮，选择零件 "punch"上表面，弹出如图 5-29 中所示的对话框，点击"反向""调整"按钮确定法线的方向（法线方向的设置总是指向工具与坯料的接触面方向），具体操作如图 5-29 的序号标示。点击"关闭"按钮完成网格法线方向的检查，点击"退出"按钮返回到主界面 "板料成形"对话框。到此凸模的定义得以完成。

图 5-27　对零件"punch"进行边界检查

图 5-28　"punch"网格修复后

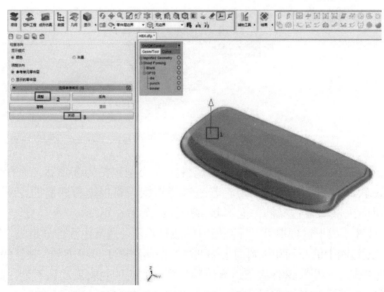

图 5-29　对零件"punch"进行网格法线方向检查

5.2.7 定义拉延筋零件"Drawbead"

根据汽车后行李厢盖的外形和拉深深度，当工件本身的拉深高度差值较大时，在深度较深的部位不放置拉深筋。深度浅、材料流动快、容易起皱的部位要设置拉深筋。对拉深高度相差不大的覆盖件，在拉深深度较大的工件的平整结构上需设拉深筋，圆弧结构不设拉深筋，拉深筋的方向要与坯料流动方向相垂直，基于以上的原则本节需要增设拉深筋。

在"板料成形"的对话框中点击"Drawbead"选项卡中的"Bead2"按钮，出现如图5-30的拉深筋对话框，按照5-30的步骤1—2进行操作。在此设置整圈拉深筋，其强度设为30%，其他参数默认系统缺省值。如图5-31所示为等效拉深筋设置布局。

 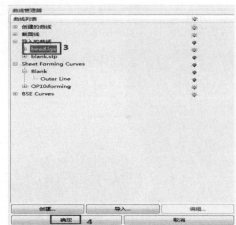

图 5-30 拉深筋"Bead"定义的对话框

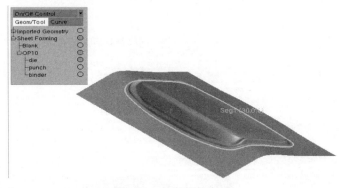

图 5-31 拉深筋的布局

提示： ① 在 DYNAFORM 6.0 中拉深筋属性定义类型包括力和形状，系统默认为力，根据材料和厚度，软件自动计算拉深筋力。若是选择形状，将根据拉深筋的轮廓形状计算拉深筋力，在软件里面提供两种拉深筋截面形状供选择：圆形和矩形。

② 拉深筋在冲压成形过程中可以提高板料的成形性能，通常由两部分组成，如图5-32拉深筋工作原理图，压边圈上的凸筋和压料面上的凹槽，在压边圈上设置突起，其目的是降低材料流动性，避免出现起皱。如果拉深件底部边缘出现拉裂，则说明材料流动性不足，需降低压边力，减少拉深筋。在汽车后备厢盖成形过程中，通过设置拉深筋可以改善成形工艺，提高工件质量。

③ 图 5-32 中 R_b 为凸筋圆角半径，R_g 为凹筋圆角半径。当板料流过拉深筋时，会在 A 点、C 点、E 点附近发生弯曲变形，在 B 点、D 点、F 点附近发生反弯曲变形，反复的弯曲和反弯曲变形所产生的变形抗力即为拉深筋的变形阻力。同时，当板料在 AB、CD、EF 段上滑动时，会产生摩擦阻力。拉深筋阻力包括板料变形阻力和摩擦阻力。

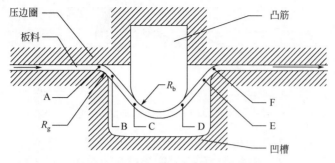

图 5-32　拉深筋工作原理示意图

拉深筋在改善成形工艺、提高质量等方面的作用，主要包括：
① 可以增加进料阻力。
② 调节进料阻力的分布。
③ 降低对压料面精度的要求。
④ 增加零件的刚度。
⑤ 提高零件表面质量。
⑥ 稳定生产，降低废品率。
⑦ 对板料有校整作用，纠正坯料的不平整缺陷，提高材料的拉深性。

5.2.8　工模具初始定位设置

全部打开"die，punch，Blank"等工模具，在"板料成形"对话框中点击"OP10"按钮，由于自动设置下工模具在系统已经完成初始定位，若要修改，点击"OP10"选项卡下弹出"行程"对话框和点击"binder"选项卡的"行程"对话框进行修改，这里压边、成形模具行程分别设为100mm、400mm。选择主界面 ⬡ 及 ⬛ "全屏"来调整好视角，设置成 5-33 所示的参数，完成了工模具初始定位设置，如图 5-34 所示，并及时保存好文件。

图 5-33　工模具的行程设置

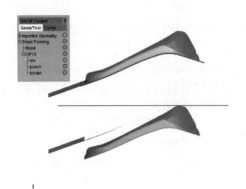

图 5-34 工模具的初始定位

提示: ① 模具的行程为压力机滑块从上死点运动到下死点,上模下降进行冲压加工,然后返回到上死点位置的行程。这个滑块的行程即为模具的行程大小,在设计时拉深成形产品的最大拉深深度加上板厚的高度必须小于行程长度的1/2,否则拉深成形产品就无法从模具间取出,系统默认为800mm,这里为了模拟求解的方便取400mm。

② 在进行成形模拟运动时,可设置用于控制冲头的速度,用于拉深和结束过程。 工模具在当前阶段的运动由速度曲线控制。在 ETA/DYNA FORM 6.0 中提供的几种速度曲线定义标准类型有:梯形、正弦、W-H 和三角形等,可根据具体的零件选择不同的曲线形式,这里选择默认速度设置为2000mm/s,默认运动类型为梯形。

③ 对于"工具位置(Tool Position)",它是指工模具和板坯之间的相对位置。 在多工步运动分析中,用户需要在后续阶段指定工模具和板坯之间的相对位置。该对话框下面有两个基准:"Upper Side of Blank""Lower Side of Blank"。分别指的是工模具位于毛坯的上部,即工模具与毛坯的上表面接触和工模具位于毛坯的下部,即工模具与毛坯的下表面接触,分别对应双动拉深成形和单动拉深成形。

5.2.9　工模具拉深工艺参数设置

在"板料成形"对话框中点击"binder"选项卡,进行压边设置,选择"作用力"类型,这里设为650000N,模具的运动为"不固定",其他采用系统缺省值,如图5-35,再点击"OP10"按钮,进行相应参数设置,完成了拉深工艺参数的设置。

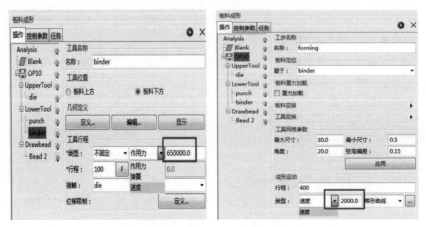

图 5-35　拉深工艺参数的设置

提示：① "Home Gap"设置指设置工模具闭合与其初始位置之间的间隙。对于固定类型的工模具，用户可以在采用速度控制时设置其初始间隙值，这个间隙值可以是正的，也可以是负的。以上模为基准时，正值表示沿运动方向向后返回的间隙值，负值表示沿运动方向向前前进的间隙值。对于下模基准，情况则相反。

② 在"Gap"设置下当采用速度控制时，用户可以设置未固定工具的间隙值，该间隙为正值。当工具与其接触的工具同时移动时，它们具有相同的速度并保持固定的间隙，这里默认为0。

5.2.10 工模具运动规律的动画模拟演示

各阶段定义完成后，用户可以预览工具的运动是否正确。当选择模型树分析时，用户可以在多个阶段预览所有阶段的运动，包括未定义刀具运动的重力加载、修边和回弹过程。当用户在模型树上选择一个流程（如成形）时，用户只能预览此阶段的刀具移动。用户可以在预览过程中按空格键停止/启动预览工具移动。

在如图 5-35 所示"板料成形"对话框中点击右边小三角形 ⊙ "动画"命令，弹出模具行程与应变曲线，如图 5-36 所示。如果读者想要改变工模具背景颜色，可在后面的"颜色"进行修改，如果对此次成形工模具的速度需要修改也可以在"步骤"下面的"速度"中进行调整。预览动画时，动画栏将显示在图形区域的底部，如图 5-37 所示。用户可以使用鼠标按钮进行控制，也可以使用键盘快捷键来控制动画。拖动时间线上的控制点以查看每帧工具的位置。对于单个阶段，时间线上的字符表示不同步骤的位置。对于多阶段，时间线上的数字表示不同阶段的位置。点击播放按钮，进行动画模拟演示。通过观察动画，可以判断工模具运动设置是否正确合理，点击 ⊂×1⊃ 按钮，数值越大，动画速度越快。×1 是标准速度，点击 ⊛ 按钮结束动画，如图 5-38 所示为运动模拟动画演示。

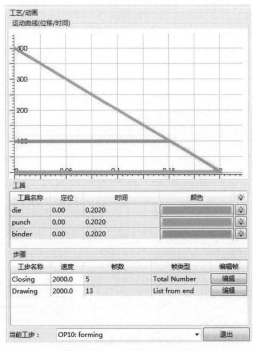

图 5-36 工模具运动曲线

图 5-37　动画预览

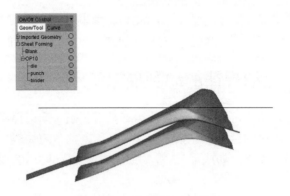

图 5-38　动画模拟演示设置

5.2.11　提交 LS-DYNA 进行求解计算

在提交运算前须及时保存已经设置好的文件。然后，在"板料成形"对话框中点击菜单栏"任务"命令，进入"提交任务"对话框，具体步骤 1—2，如图 5-39 所示。为了节约计算的时间，用户可以勾选步骤 1，再点击"提交任务"按钮开始计算，至此前处理设置完毕。等待运算结束后，可在后处理模块中观察整个模拟结果，当然在提交任务时也可以勾选图 5-39 中"仅写出输入文件"，直接导出文本文件保存信息。如图 5-40 所示为提交 LS-DYNA 进行求解计算。

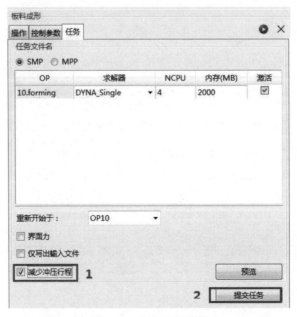

图 5-39　提交运算设置

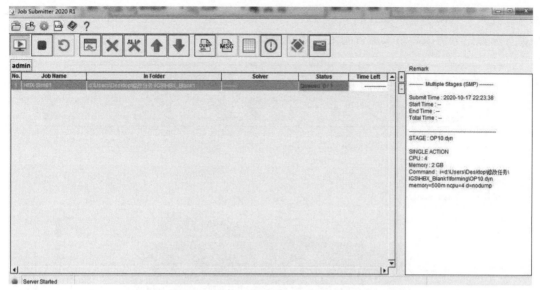

图 5-40　提交 LS-DYNA 进行求解运算

提示：计算时间步长的确定。中心差分法是条件稳定算法，即利用它求解具体问题时，时间步长 Δt 必须小于该问题求解方程性质所决定的某个临界值 Δt_{cr}，否则算法将是不稳定的，应满足式（5-8），有关时间步长的具体影响意义，见后续章节。

$$\Delta t \leqslant \Delta t_{\text{cr}} \leqslant \frac{2}{\lambda_{\max}} \approx \frac{L_e}{\sqrt{E / \rho}} \tag{5-8}$$

式中，$\lambda_{\max}$ 为最大特征值；L_e 为单元的特征长度；E 为材料的弹性模量。

5.3　后处理分析

5.3.1　观察成形零件的变形过程

完成分析运算后，在 DYNAFORM 6.0 软件中点击菜单栏中的"结果"命令，进入后处理程序。或者在菜单中选择"打开项目"命令，浏览保存结果文件目录，选择保持自定义的文件夹中的"*.d3plot"文件，点击"打开"按钮，读取 ls-dyna 结果文件。为了重点观察零件"Blank"的成形状况，只打开"Blank"，然后点击 ▶ "Play"按钮，以动画形式显示整个变形过程。

5.3.2　观察成形零件的成形极限图及厚度分布云图

点击如图 5-41 所示各种按钮可观察不同的零件成形状况，例如点击其中的 ↓ "成形极限图"按钮和 ⊿ "厚度"按钮，可分别观察成形过程中零件"Blank"的成形极限及厚度变化情况，如图 5-42 所示为零件"Blank"的厚度变化分布云图，图 5-43 为零件"Blank"的厚度增薄率云图，如图 5-44 所示为零件"Blank"的成形极限图。同样可点击 ▶ "play"按钮，以动画模拟方式演示整个零件的成形过程，也可选择  下一帧对过程中的时间步进行观察，根据计算数据分析成形结果是否满足工艺要求。

图 5-41　成形过程控制工具按钮

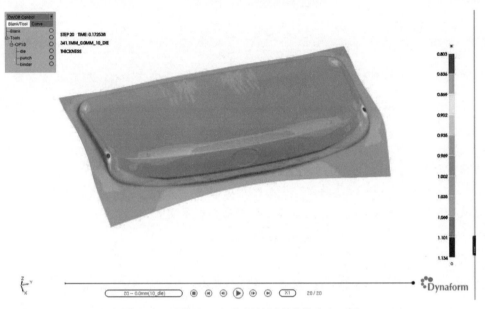

图 5-42　零件"Blank"板料厚度变化分布云图

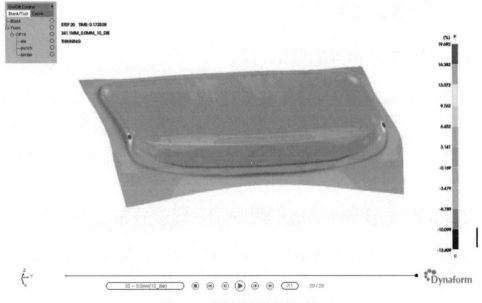

图 5-43　板料厚度增薄率云图

金属冲压成形仿真及应用
——基于 DYNAFORM

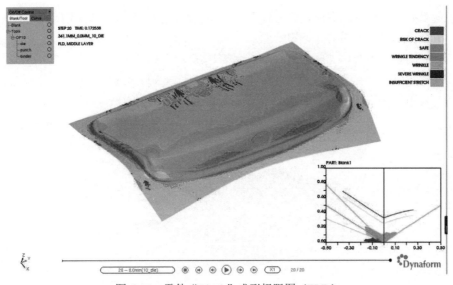

图 5-44　零件"Blank"成形极限图（FLD）

板坯的厚度变化是用来衡量冲压件产品性能的重要指标之一，在工程方面通常认为板坯的减薄率不超过 30%或增厚不超过 10%是比较合理的。可以看出此车用后行李厢盖板在成形过程中还是有一定的拉裂与起皱的缺陷，为此需要做进一步的优化，参见具有优化试验后续阐述。

观察汽车后备厢盖板零件的 FLD 和材料厚度变化的云图，对成形不足的部分提出优化思想，下面提供两个主要优化思路。

5.4　车用后行李厢盖板零件仿真优化

在进行冲压工艺参数优化时，压边力是很关键的一个影响因素，然而它也受到很多因素影响，例如：模具的结构、材料自身的成形性能等，其中材料自身成形性能是压边力选择的决定性因素。一方面增大压边力可增大板料流动时的阻力，避免板料流动过快导致起皱。另一方面压边力过大会增大板料的拉应力，使板料流动不足，导致部分结构产生破裂，同时会降低模具的使用寿命；压边力过小导致板料流动过快，易起皱。故通过计算得到的压边力可为成形仿真模拟提供一个非常重要的参考，在得到的压边力范围内寻找最合适的压边力，是实际冲压加工时一个重要的优化手段。

根据塑性成形相关理论知识，汽车后行李厢盖板属于宽凸缘拉深成形，有关重要的工艺参数计算如下。

① 模具间隙确定，由式（5-9）进行计算：

$$c = 1.1t \tag{5-9}$$

② 压边力的计算，成形不规则的工件压边力一般由经验式（5-10）来确定：

$$F = Aq \tag{5-10}$$

上式中，t 为板料的厚度值，取 $t=1.0$mm；c 为模具的间隙值；A 为压边的真实投影面积，mm²；q 为单位压边力，在此 $q=2.5\sim4$MPa。计算得 $A=201000$mm²；$F=502\sim804$ kN。

本章自动设置中定义拉深类型，采用单动拉深成形，将毛坯及材料、凸凹模、压边圈、压边力确定以后，进行自动定位。自上到下为凹模、拉延筋、板料和压边圈，凸模在最下方。冲压过程中凸模不动，凹模向下运动，最终与凸模闭合。后备厢盖板有限元模型如图 5-45 所示。试验中将板料成形看作弹塑性变形，满足表达式（5-11），将工模具视为刚性体。摩擦系数默认系统缺省值，冲压压边速度 2000mm/s，成形速度 3000mm/s，在凹模四周布置一圈等效拉深筋，采用 LS-DYNA 求解器的动态显示算法进行分析。

$$\sigma = D\varepsilon \tag{5-11}$$

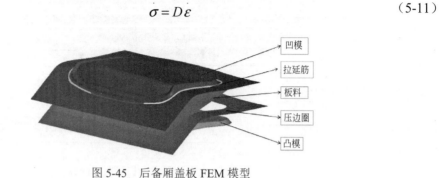

图 5-45　后备厢盖板 FEM 模型

5.4.1　材料的选取对仿真试验结果的影响

材料的选取对冲压成形效果至关重要，材料自身的基本性能参数与其成形性能有非常重要的联系。影响板料成形性能的参数有很多，主要有：屈服强度 σ_s，抗拉强度 σ_b，屈强比 σ_s/σ_b，硬化指数 n，厚向异性系数 r，杨氏模量等。有关具体阐述如下。

① 屈服强度是金属发生屈服现象时的屈服极限，可作为材料抗力的指标。当板料受到大于屈服极限的应力时，会发生塑性变形和微小的弹性变形，无法完全恢复成原来的样子。当受到小于屈服极限的应力时，板料会产生随应力大小变化的形变，当应力撤去时，板料恢复成原来的样子。

② 抗拉强度是均匀塑性变形向局部集中塑性变形过渡的临界值，当材料受到的应力低于最大拉应力时，材料发生的变形是均匀的，当材料受到的应力超过抗拉强度时，金属会产生颈缩现象，即发生了集中变形。

③ 屈强比是指材料的屈服强度与抗拉强度的比值。当屈强比较大时，材料在破裂之前可以进行更大程度的变形，甚至在只进行了小部分的塑性变形时就出现了破裂现象。所以屈强比越小，材料的塑性越好，成形的零件形状保持性越好，在冲压成形过程中需要选择屈强比较小的材料。

④ 硬化指数 n 是材料在加工过程中出现加工硬化时硬化程度的参数，对板料的冲压性能和成形效果都有很大的影响。当 n 值较大时，材料在加工过程中硬化现象更为显著，有时需要通过再结晶退火和固熔退火等方式以消除硬化。但当硬化指数较大时，也可以使工件有较好的刚性。

⑤ 厚向异性系数 r 反映了材料在冲压成形过程中抵抗变薄失稳能力的大小，当厚向异性系数越大时，板料在厚度方向变薄比宽度方向收缩更不容易。在以拉为主的变形中，拉的效果主要是导致材料减薄。随着 r 的增大，材料减薄能力越弱，材料的成形性能就越好。在以压为主的变形过程中，压的效果是导致材料起皱，当厚向异性系数越大时，材料增厚能力越

弱，其抗皱性能也越好。

⑥ 杨氏模量又称拉伸模量或者刚度，是衡量固体材料抵抗变形能力的物理量，只与材料本身的属性有关，与材料的形状和大小并无关联。根据胡克定律，在物体的弹性限度内，应变与应力成正比，该比值被称为材料的杨氏模量。杨氏模量的大小标志着材料的刚性强弱，当材料的杨氏模量越大时，材料在受到相同的应力时，材料的应变越小。

因为材料本身对成形性能影响很大，故选择美标的 DQSK36 材料与国标的 DX53D 进行成形分析，两种材料的有关性能参数如表 5-1。对于该零件来说 容易产生起皱、破裂和回弹等缺陷，但破裂在产品中是绝对不允许出现的。而回弹量相对来说很小，可以忽略不计。

表 5-1　DQSK36 与 DX53D 基本参数

板厚/mm	材料名称	屈服强度/MPa	杨氏模量/GPa	泊松比	r_0	r_{45}	r_{90}
1.0	DQSK36	330	207	0.27	1.73	1.35	2.18
	DX53D	183	207	0.28	1.89	1.61	2.05

表 5-1 中 r_0 为材料冲压方向上的厚向异性指数；r_{45} 是与材料冲压方向成 45° 角的厚向异性指数；r_{90} 是与材料冲压方向成 90° 角的厚向异性指数，具体计算如式（5-12）和式（5-13）所示。

$$r_{\text{DQSK36}} = \frac{r_0 + 2r_{45} + r_{90}}{4} = 1.6525 \tag{5-12}$$

$$r_{\text{DX53D}} = \frac{r_0 + 2r_{45} + r_{90}}{4} = 1.79 \tag{5-13}$$

通过计算材料各向异性指数，可以得到 $r_{\text{DX53D}} > r_{\text{DQSK36}}$，但两者相差不大。当 r 越大时，板料在厚度方向变薄比宽度方向收缩更不容易，也就是材料抵抗失稳变薄的能力越强，越难发生破裂。在其他条件相同的情况下，DX53D 可以承受更大的压边力来达到防止起皱的目的。DQSK36 材料是一种深冲镇静钢，DX53D 是弯曲和成形级镀锌板，钢级序号是 53，以低碳钢作为基材，钢级序号 52~56 的为冲压用钢板或钢带。

这里选取压边力为 600kN，虚拟冲压速度为 2000mm/s，摩擦系数选用系统默认值 0.125，进行模拟计算，得到的数值模拟试验结果，如图 5-46 和图 5-47 所示。

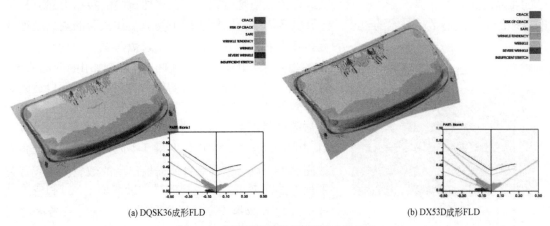

(a) DQSK36成形FLD　　　　　　(b) DX53D成形FLD

图 5-46　采用两种材料获得的成形 FLD

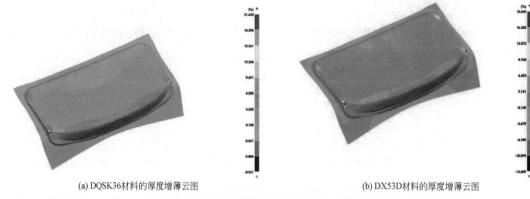

<table>
<tr><td>(a) DQSK36材料的厚度增薄云图</td><td>(b) DX53D材料的厚度增薄云图</td></tr>
</table>

图 5-47　采用两种材料获得的成形厚度增薄云图

从图 5-46 可以看出，两种材料均在未进行任何优化时边缘部分出现起皱严重趋势，DX53D 的起皱现象比 DQSK36 稍为严重，这是由于 DX53D 的厚向异性指数较大，很难出现破裂但是会更容易起皱。有些起皱部分可在后续的修边工序中切除，不影响工件的成形质量，但是严重起皱的部分在后续反复冲压成形中可能会对凸模和凹模造成一定量的损害，所以需要与 DQSK36 一样考虑采取增加拉深筋的方式以解决工件圆角区域起皱的问题。从图 5-47 所示厚度变化分布云图中可以看到：DX53D 减薄率最大的区域与 DQSK36 位置大致相同，其最大减薄率为 19.692%，与 DQSK36 的 21.432% 相比更小；另外一方面 DX53D 的材料最大增厚为 13.409%，与 DQSK36 的 8.921% 相比较大一些。综上还是选择材料 DX53D 进行成形数值模拟。

本次仿真试验选用了宝钢材料 DX53D 进行相关优化试验。同时考虑到板料冷成形和防腐等要求，DX53D 钢板表面镀了一层锌，镀锌层的厚度会影响防腐性能与镀锌板的力学性能，材料塑性较好，冲压延展性也较好。

5.4.2　响应面模型的试验方案设计

随着经济快速发展，工程的规模越来越大，工程计算难度增大，计算量也随之猛增，专家学者们一直致力于探索更加科学、便捷的方法进行工程计算。响应面法（RAM）的优点是能够很好解决非线性问题的优化问题，它为解决复杂结构系统的优化分析提供了一种行之有效的可靠的建模及计算方法。响应面法最初的应用是讨论如何在实体试验的数据上建立科学的近似函数。随着数值技术的进步，计算机数值模拟同样出现了类似实体试验的数据处理难题，在面对数据处理的问题上，数值试验和物理试验有很多相同点，因此计算机模拟必然可以用响应面方法。

本节基于凹模、板料初始单元大小和软件自适应等级一致的情况下对汽车后行李厢盖板进行优化试验。为了后续试验方便，首先选取压边力 x_1，拉深筋分为 1、2，其阻力 x_2、x_3 为优化变量（下同），拉深筋的布局如图 5-48 所示。结合后备厢盖板出现的破裂风险和有关工程方面的要求，以板料的最大减薄率 y_1(%) 和成形过程中的最大成形力 y_2(kN) 为优化目标来综合考虑此汽车后备厢盖板的成形性能，采用望小的原则。应用 3 因

图 5-48　拉深筋的布局

素 (x_1, x_2, x_3) 5 水平（−1.682，−1，0，1，1.682）的中心复合设计进行试验，总共 20 次试验，试验中各因素的因子与水平如表 5-2。部分试验的结果，如表 5-3 所示。

表 5-2　中心复合试验因子与水平

变量符号	工艺参数	因素水平				
		−1.682	−1	0	1	1.682
x_1	压边力（kN）	425.4	520	660	800	895.4
x_2	拉深筋阻力（N/mm）	32.3	80	150	220	267.7
x_3	拉深筋阻力（N/mm）	32.3	80	150	220	267.7

表 5-3　部分试验方案及结果

试验编号	因素取值水平			试验结果	
	x_1	x_2	x_3	y_1（%）	y_2/kN
Z_1	−1	−1	−1	27.573	752.9
Z_2	1	−1	−1	27.622	1194.4
Z_3	−1	1	−1	33.422	759.7
Z_4	1	1	−1	34.149	1074.9
Z_5	−1	−1	1	25.046	731.2
Z_6	1	−1	1	27.326	1212.1
Z_7	−1	1	1	31.659	970.7
Z_8	1	1	1	33.305	1113.0
Z_9	−1.682	0	0	28.393	889.7
Z_{10}	1.682	0	0	32.888	1153.0
Z_{11}	0	−1.682	0	31.261	1030.1
Z_{12}	0	1.682	0	33.975	971.6
Z_{13}	0	0	−1.682	32.919	846.4
Z_{14}	0	0	1.682	31.076	973.1
Z_{20}	0	0	0	32.281	1020.0

5.4.3　二阶响应面模型的建立

响应面法（RAM）是通过试验设计方法确定试验点再进行相应的试验，对获取的试验结果通过数学分析建立响应曲面模型，实现对非试验点的响应值的预测。可以通过响应面图直观分析变量与目标之间的关系，在工程应用中，通常采用二阶响应曲面模型来减少优化过程的工作量，缩短计算的时间，一般数学表达式，如式（5-14）所示。

$$y(x) = a_0 + \sum_{i=1}^{n} a_i x_i + \sum_{i=1}^{n} a_{ii} x_i^2 + \sum_{1 \leqslant i \leqslant j \leqslant n}^{n} a_{ij} x_i x_j \tag{5-14}$$

式中，$y(x)$ 为响应目标的计算值；x_i、x_j 为自变量；a_0、a_i、a_{ii}、a_{ij} 为多项式系数。因此得到关于 2 个目标的响应函数，如式（5-15）和式（5-16）所示。

$$y_1 = 4.850 + 0.064x_1 + 0.044x_2 - 8.081 \times 10^{-3} x_3 + 5.612 \times 10^{-7} x_1 x_2 + 4.017 \times 10^{-5} x_1 x_3$$
$$+ 5.510 \times 10^{-6} x_2 x_3 - 4.796 \times 10^{-5} x_1^2 - 4.918 \times 10^{-5} x_2^2 - 9.395 \times 10^{-5} x_3^2 \tag{5-15}$$

$$y_2 = -471.389 + 2.048x_1 + 3.263x_2 + 3.008x_3 - 5.922 \times 10^{-3} x_1 x_2 - 1.710 \times 10^{-3} x_1 x_3$$
$$+ 6.471 \times 10^{-3} x_2 x_3 + 3.796 \times 10^{-5} x_1^2 - 1.331 \times 10^{-3} x_2^2 - 7.904 \times 10^{-3} x_3^2 \tag{5-16}$$

5.4.4　模型的分析

为了验证试验结果的可靠性，需要对函数模型进行检验，检验各因素及其交互作用影响的显著性，所以使用方差分析对上述响应面两个模型进行显著度分析及模型回归的分析。板料最大减薄率和最大成形力方差分析的结果，如表 5-4 和表 5-5 所示。

表 5-4　板料最大减薄率 y_1 的方差分析

来源	平方和	自由度	均方差	F 值	P 值
模型	96.33	9	10.70	3.67	0.0275
x_1	11.01	1	11.01	3.77	0.0808
x_2	63.86	1	63.86	21.88	0.0009
x_3	5.33	1	5.33	1.83	0.0264
$x_1 x_2$	2.42×10^{-4}	1	2.42×10^{-4}	8.29×10^{-5}	0.9929
$x_1 x_3$	1.24	1	1.24	0.43	0.5291
$x_2 x_3$	5.83×10^{-3}	1	5.83×10^{-3}	1.99×10^{-3}	0.9652
x_1^2	12.73	1	12.73	4.36	0.0636
x_2^2	0.84	1	0.84	0.29	0.6042
x_3^2	3.05	1	3.05	1.05	0.3305
残差	29.18	10	2.92	—	—
失拟项	29.18	5	5.84	—	0.0001
标准差	1.33×10^{-6}	5	2.67×10^{-7}	—	—
总模型	125.51	19	—	—	—

表 5-5　最大成形力 y_2 的方差分析

来源	平方和	自由度	均方差	F 值	P 值
模型	3.184×10^5	9	35381.77	9.64	0.0007
x_1	2.434×10^5	1	2.434×10^5	66.33	0.0001
x_2	368.25	1	368.25	0.10	0.7579
x_3	15387.46	1	15387.46	4.19	0.0678
$x_1 x_2$	26946.81	1	26946.81	0.61	0.0219
$x_1 x_3$	2247.85	1	2247.85	2.19	0.4519
$x_2 x_3$	8085.46	1	8085.46	2.17×10^{-3}	0.1695
x_1^2	7.98	1	7.98	0.17	0.9637
x_2^2	612.88	1	612.88	5.89	0.6914
x_3^2	21617.20	1	21617.20	1.05	0.0356
残差	36692.13	10	3669. 21	—	—
失拟项	36692.10	5	7338.42	—	0.0001
标准差	0.035	5	7.0×10^{-3}	—	—
总模型	3.551×10^5	19	—	—	—

提示：表中 F 值为方差齐次性检验的值，P 为概率。P 的值小于 0.05 时，一般认为该指标是显著的；P 的值小于 0.001 时，认为该因素高度显著。由表 5-4 和表 5-5 可知，两个模型的 P 值均小于 0.0001，说明两个二阶回归模型是显著可靠的。这里进一步通过 R^2（模型误差系数）与 R^2_{adj}（修正模型多重误差系数）来检验预测模型的可行性，如表 5-6 所示。

表 5-6　误差系数

模型	R^2	R^2_{adj}
y_1	0.9725	0.9628
y_2	0.9868	0.9811

由表 5-6 可以看出，两个模型的拟合程度达 97.25% 与 98.68%，两个系数的值都接近 1，表明两个模型可以很好预测所提出目标对优化变量的响应。

为了直观反映变量与目标函数之间的关系，根据目标响应函数绘制板料最大减薄率与拉深筋阻力和压边力之间的响应面图，可以得到当拉深筋阻力 2 为定值时，板料最大减薄率随着拉深筋阻力 1 的增加而增大；反之，随着拉深筋 2 阻力的增加，最大减薄率呈现先上升后下降的趋势，这是因为此次汽车后备厢拉深成形过程中后盖中间凸起的部位长直边与短直边接触凹模的时间与受力不一样，而且两短直边拉深阻力对此次成形力的影响也很大。由最大拉深力与压边力和拉深筋阻力的响应面图 5-49 可以看出：当拉深筋阻力为一定值时，最大拉深力随着压边力的增大而增大。因为压边力对板料作用能够增强拉应力，适当的压边力可以减少零件的起皱和改善材料的流动性，如图 5-51 所示。

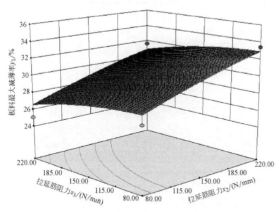

图 5-49　目标函数 y_1 关于 x_2、x_3 的响应曲面

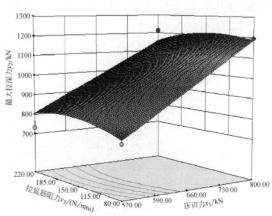

图 5-50　目标函数 y_2 关于 x_1、x_3 的响应曲面

由方差分析的结果还可以得出：在 3 个因素的交互作用下，各因素对目标函数的值影响不同，对最大减薄率 y_1 影响显著的是拉深筋阻力 x_2、x_3，对最大成形力 y_2 影响显著的是压边力 x_1 与拉深筋阻力 x_3。据目标函数与变量之间的关系，可以得到显著因素对目标值的等高线，如图 5-51（a）和图 5-51（b）所示。

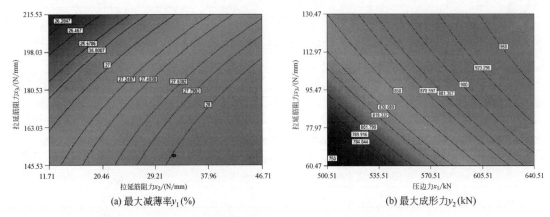

(a) 最大减薄率y_1(%)　　　　　　　　(b) 最大成形力y_2(kN)

图 5-51　板料最大增减率与最大成形力的等高线

5.4.5　模型的优化试验验证

（1）**模型的优化设计**　根据上述的两个模型，可对汽车后备厢盖板拉深工艺参数进行多目标参数优化。首先确定各评价指标的权重，进而将多目标转化为单目标问题进行优化，权重评价新函数，如式（5-17）：

$$y = \alpha y_1 + (1-\alpha)y_2 \qquad 0 \leqslant \alpha \leqslant 1 \tag{5-17}$$

根据零件的板料厚度变化云图部分区域会出现破裂的情况，以及对于企业方面的考虑，本节 $\alpha = 0.6$，利用具有良好的局部搜索功能的遗传算法 GA 实现模型优化，运用软件 MATLAB 对该算法进行程序设计。遗传算法中相关参数设定：种群规模为 200，最大遗传代数为 100，代沟为 0.9，杂交和变异概率分别为 0.7 和 0.01。优化迭代过程解和优化函数如图 5-52 所示。

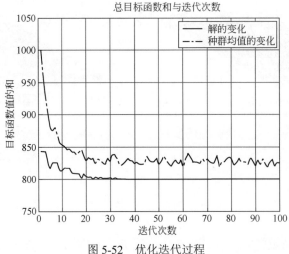

图 5-52　优化迭代过程

由图 5-52 可以看出当迭代次数为 28 时，种群达到一个比较稳定的情况，通过 MATLAB 可以得到一组最佳解情况：工艺参数的压边力为 x_1=520.05kN，拉深筋阻力分别为 x_2=80.03N/mm，x_3=82.18N/mm。

（2）**进行试验验证**　将上文改进型遗传算法 GA 寻优所得最优工艺参数组合作为此次后

备厢盖板成形工艺条件设置，运用 DYNAFORM 对此次成形过程进行分析。对比优化试验前与优化之后的材料最大厚度增减率以及成形中最大成形力，试验结果分别如图 5-53（a）和图 5-53（b）的板料厚度减薄及图 5-54（a）和图 5-54（b）的最大成形力与时间变化曲线所示。

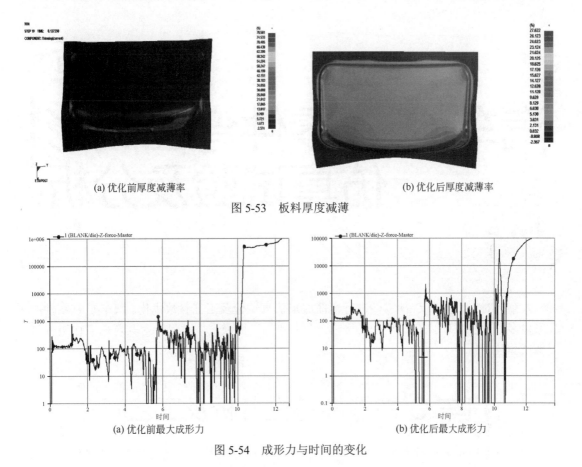

(a) 优化前厚度减薄率　　　　　　　　　　　　　　　(b) 优化后厚度减薄率

图 5-53　板料厚度减薄

(a) 优化前最大成形力　　　　　　　　　　　　　　　(b) 优化后最大成形力

图 5-54　成形力与时间的变化

据图 5-54 得知，DX53D 材料的最大减薄率由原来的 78.581%降为 27.622%，符合工程应用方面一般材料最大减薄率要低于 30%的要求；并且后备厢盖板拉深成形的最大成形力由 1.34×10^3kN 降至 895.6kN。

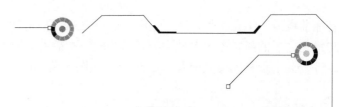

第 6 章
汽车 C 柱零件弯曲成形
仿真试验及分析

本章针对一种汽车 C 柱零件进行弯曲成形仿真试验及工艺参数优化。汽车 C 柱零件冲压成形由多种冲压工序，例如冲孔、翻边、弯曲等加工而成。本章仅针对其弯曲工序进行仿真模拟试验及分析。

6.1 汽车 C 柱零件特性分析及工艺简介

如图 6-1 所示为一种典型汽车 C 柱零件在进行弯曲成形前预弯件的 3D 几何模型，该 C 柱零件结构复杂，首先由板材经过辊压成形，得到具有复杂截面形状的 C 柱预成形件，随后采用弯曲模完成该零件的端头弯曲成形。

在车身构件中，汽车 C 柱位于车后风挡玻璃两侧，不仅可以支撑车顶，当汽车发生意外时，C 柱还承受和分散撞击，当汽车发生倾覆或翻滚时，有效避免驾驶舱被挤压变形，保护车内成员安全。因此要求汽车 C 柱零件强度要高、韧性要好。

图 6-1　汽车 C 柱预弯件的三维几何模型

将汽车 C 柱预弯件的 dat 文件导入 DYNAFORM 6.0 软件时，零件几何模型的原始曲面为合模时状态，根据企业要求，该零件的辊压成形工序不可更改，因此本章仅对该零件进行弯曲仿真模拟试验及优化分析。

6.2 汽车 C 柱零件弯曲成形仿真试验

6.2.1 初始设置

启动 DYNAFORM 6.0 后，单击菜单栏"项目"按钮，在出现的下拉菜单中单击"新建项目"命令，系统自动弹出"新建项目"对话框，按图 6-2 所示步骤 1—2 进行操作。在"项目信息"选项中，更改新建项目的名称、保存的文件夹和初始单位等信息。将"名称"更改成"QCCZLJ"，单击"目录"后▣按钮，更改文件保存位置，弹出文件保存"Select Directory"对话框，新建文件夹命名为"QCCZLJ"，单击"选择文件夹"按钮，回到"新建项目"对话框（读者可自行新建文件夹，否则文件存储位置将默认当前的文件夹），"单位"选择公制单位"MM，S，TONNE"（保留缺省值即可）。在"启动应用程序"选项中，选择"板料成形"命令，单击"确定"按钮，具体步骤 1—2 如图 6-3 所示。然后进入"新建板料成形"设置界面，如图 6-4 所示。

图 6-2　新建项目界面

图 6-3　新建项目对话框

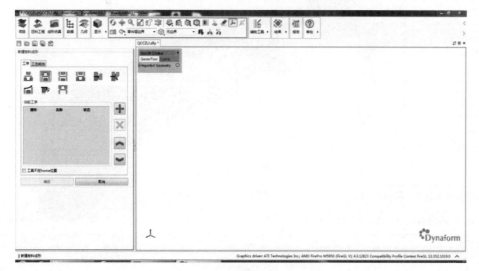

图 6-4　新建板料成形界面

6.2.2　导入曲面模型

在如图 6-4 所示的菜单栏中单击"几何"按钮，进入"几何管理器"界面，单击"导入…"按钮，如图 6-5 所示，将几何模型导入 DYNAFORM 6.0 中（注：导入的几何模型为合模状态）。在弹出的"导入"对话框，框选需要导入的"dat"几何模型，单击"打开（O）"按钮，具体步骤 1—2 如图 6-6 所示，导入的文件为单元文件，此时系统自动返回几何管理器界面，如图 6-7 所示，单击"退出"按钮，退出"几何管理器"界面，返回到"新建板料成形"界面。

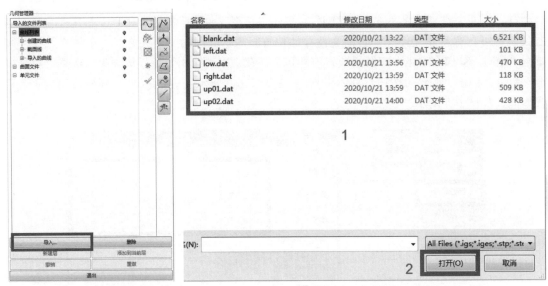

图 6-5　几何管理器界面图　　　　　　　　图 6-6　导入曲面模型界面

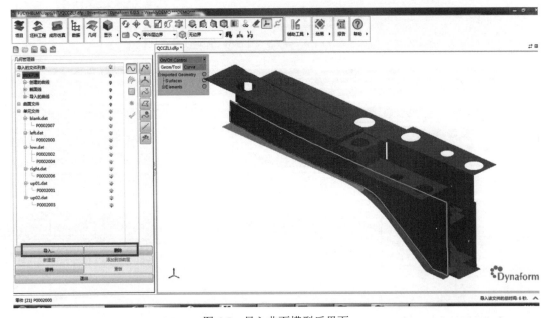

图 6-7　导入曲面模型后界面

金属冲压成形仿真及应用
——基于 DYNAFORM

6.2.3 板料成形设置

在"新建板料成形"界面中，选择"工序"选项卡，单击"双动" 按钮，成形类型设置为双动成形，单击添加 按钮，在"当前工序"选项中显示双动成形已添加，单击"确定"按钮，完成初始设置。注：在"当前工序"下方的选项中，系统默认工具不勾选"工具不在home 位置"，即如果导入的模型中，模具不在合模位置时，将其勾选，本节所导入的零件几何模型初始状态为合模状态，因此不需要勾选该选项，保留初始设置即可。具体步骤 1—4，如图 6-8 所示。进入"板料成形"界面，选择"操作"选项卡，在"Analysis"选项中，对初始设置进行修改：在"工具位移/类型"选项中勾选"几何偏置"，基于导入的曲面，设置时只需成形后为初始合模位置即可，因此在"原始工具几何"选项中勾选"偏置的工具"，此时偏置值默认为 0，具体步骤 1—2 如图 6-9 所示。

图 6-8 新建板料成形界面

图 6-9 工具位移类型设置界面

6.2.4 定义板料零件

在如图 6-9 所示的"板料成形"窗口中选择"操作"选项卡，在"Analysis"选项中单击"Blank"按钮，对板料进行定义。在"板料类型"选项中，"定义方式"下拉菜单中选择"单元"选项，即通过单元定义板料，单击"添加板料…"按钮，具体步骤 1—2 如图 6-10 所示。系统自动跳转到"定义板料:Blank1"界面，在"数据列表"选项"曲面文件"中选择"Blank.dat"，此时选择的文件为前期导入的曲面模型中的板料零件，选中后零件为白色高亮显示，在"选择方式"选项中勾选"通过层选择"选项，单击"包括"按钮，板料零件呈灰色高亮显示，具体步骤 1—3 如图 6-11 所示，单击图 6-11 中的"退出"按钮，退出"定义板料：Blank1"界面窗口，返回"板料成形"窗口，如图 6-12 所示。

图 6-10　板料成形定义板料界面

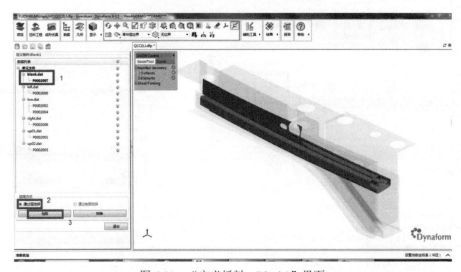

图 6-11　"定义板料：Blank1"界面

如图 6-12 所示，在"板料列表"选项中，修改"厚度"选项的数值为 0.9，即定义板料的厚度为 0.9mm，单击"板料列表"中"材料"选项下面的"undefined"按钮，对材料进行定义，弹出如图 6-13 所示的"材料库"对话框，在"库"下拉菜单中选择"日本"，材料选择"SPCC（Barlat's 89）"，该材料采用的屈服准则为 Barlat's 89 屈服准则。具体步骤 1—2 如图 6-13 所示。该模型屈服准则能较好地描述材料的各向异性，即适用于任何薄板金属成形分析，其表达式（6-1）和式（6-2）如下：

$$f(\sigma) = a\,|\,K_1 - K_2\,|^m + a\,|\,K_1 + K_2\,|^m + c\,|\,2K_2\,|^m = 2\overline{\sigma}^m \tag{6-1}$$

$$K_1 = \frac{\sigma_{11} + h\sigma_{22}}{2}; K_2 = \sqrt{\left(\frac{\sigma_{11} + h\sigma_{22}}{2}\right)^2 + p^2 \sigma_{12}{}^2} \tag{6-2}$$

式中，a、c、h、p 为各向异性系数；$\overline{\sigma}$ 为等效应力；σ_{11}、σ_{22}、σ_{12} 分别为主次应力和剪应力；对钢 $m=6$。单击"确定"按钮，自动返回"板料成形"界面，完成板料材料和厚度的定义，如图 6-14 所示。

图 6-12　导入板料曲面后定义板料界面

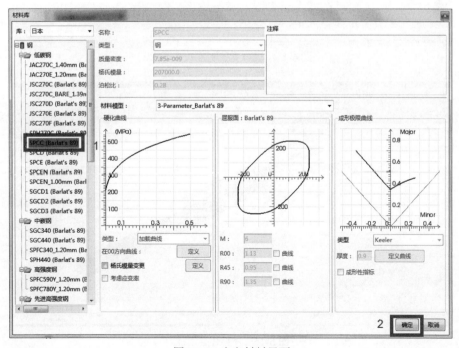

图 6-13　定义材料界面

图 6-14 定义材料界面

本模型导入的几何类型为"单元"类型,已经对网格进行了划分,对划分的网格进行边界检查,单击"板料成形"界面中"控制参数"选项卡,跳转到"控制参数"界面,单击"显示"按钮,观察到板料以网格的形式显示,如图 6-15 所示,网格划分方式为"坯料网格",单击"编辑…"按钮,进入"网格编辑"界面。对网格边界进行检查,单击"检查"选项的"边界显示"⊞按钮,具体步骤 1—3,如图 6-16 所示,此时板料网格呈黑色高亮显示,单击菜单栏"清除高亮显示"✐按钮将高亮显示擦除,单击如图 6-16 所示"退出"按钮退出"网格编辑"窗口,返回如图 6-15"板料成形/控制参数"窗口,单击图 6-15"隐藏"按钮,隐藏网格,再单击"操作"选项卡,完成板料零件的定义,如图 6-17 所示。

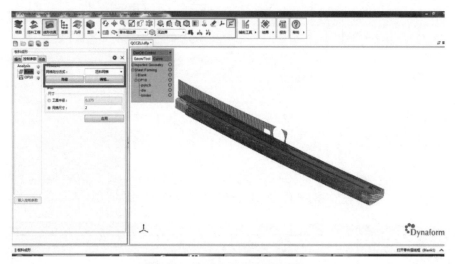

图 6-15 板料"控制参数"界面

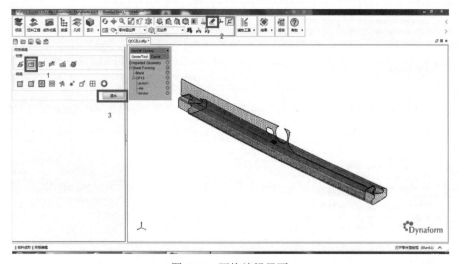

图 6-16 网格编辑界面

金属冲压成形仿真及应用
——基于 DYNAFORM

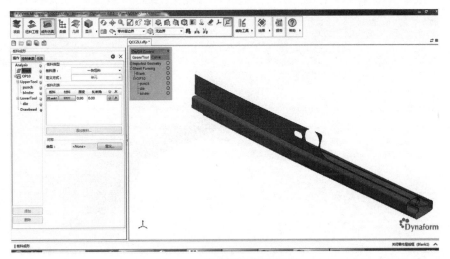

图 6-17 完成板料定义界面

6.2.5 定义凹模零件

如图 6-17 "板料成形" 窗口中，选择 "Analysis" 选项中 "Lower Tool" → "die" 按钮，对凹模零件进行定义，在 "工具位置" 中选择 "板料下方"，即凹模零件位于板料下方，其他参数保留缺省值，单击 "几何定义" 选项的 "定义…" 按钮，具体步骤 1—3 如图 6-18 所示，自动跳转到 "定义工具：die" 窗口，在 "数据列表" 选项中选择 "low.dat"，此时零件呈白色高亮显示，在 "选择方式" 选项中勾选 "通过层选择" 选项，单击 "包括" 按钮，具体步骤 1—4 如图 6-19 所示，凹模零件呈灰色高亮显示。单击图 6-19 中 "退出" 按钮退出 "定义工具：die" 窗口，返回到 "板料成形" 窗口，此时凹模零件已完成添加。

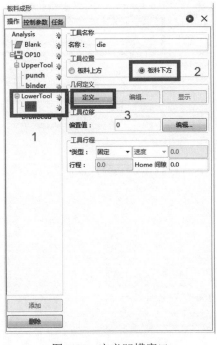

图 6-18 定义凹模窗口

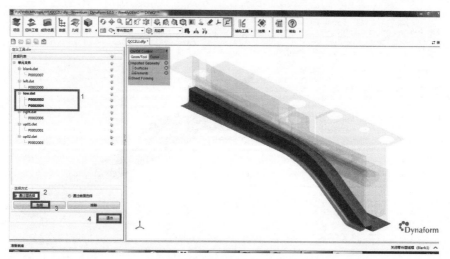

图 6-19　定义工具：die 界面

　　单击"几何定义"选项中"显示"按钮，凹模零件以网格形式显示，单击"编辑..."按钮，对网格边界进行检查，如图 6-20 所示，进入"网格编辑"窗口，在左上角编辑显示窗口中"On/Off Control"选项中关闭"Blank"零件层，只显示"die"凹模零件，单击"边界显示"按钮，此时凹模边界线呈黑色高亮状态显示，如图 6-21 所示，说明凹模网格完好无缺陷（如网格不完整或存在缺陷、重叠等情况，则需要进一步对网格进行修补）。

图 6-20　编辑凹模零件窗口

金属冲压成形仿真及应用
——基于 **DYNAFORM**

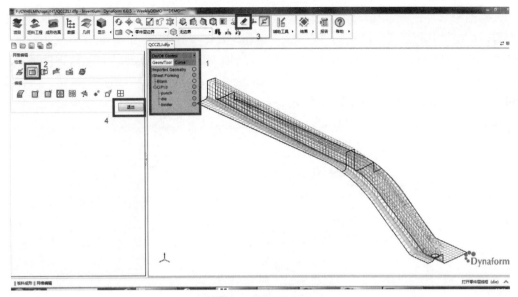

图 6-21　检查凹模网格边界

单击菜单栏"清除高亮显示" ✍ 按钮将高亮显示擦除，单击"退出"按钮退出"网格编辑"窗口，返回图 6-20"板料成形"窗口，单击"几何定义"选项中"隐藏"按钮，退出板料网格显示。在"工具行程"选项中，"类型"默认为"固定"，其他参数取系统缺省值，在左上角编辑显示窗口中"On/Off Control"选项中打开"Blank"零件层，完成凹模零件定义，如图 6-22 所示。

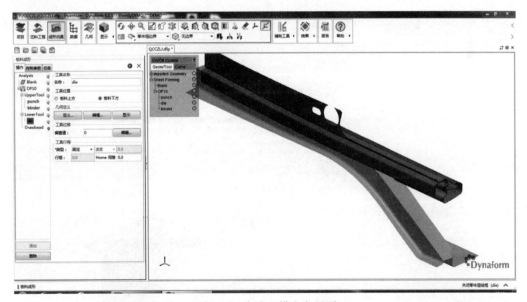

图 6-22　完成凹模定义界面

6.2.6　定义凸模零件

在如图 6-23"板料成形"窗口中，选择"Analysis"选项中的"Upper Tool"→"punch"

选项，对凸模零件进行定义，同理，"工具位置"中选择"板料上方"，即凸模零件位于板料上方，单击"几何定义"选项的"定义..."按钮，具体步骤1—3如图6-23所示。系统自动跳转"定义工具：punch"窗口，在"数据列表"选项中选择"up02.dat"，此时零件呈黑色高亮显示，在"选择方式"选项中，勾选"通过层选择"选项，单击"包括"按钮，具体步骤1—4如图6-24所示。压边零件呈灰色高亮显示，单击图6-24中"退出"按钮退出"定义工具：punch"窗口，返回到"板料成形"窗口，完成凸模零件的几何定义。

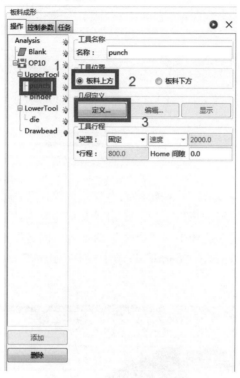

图6-23　定义凸模零件窗口

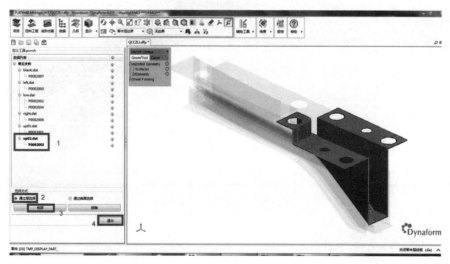

图6-24　"定义工具：punch"界面

对网格边界进行检查，单击图 6-25 "几何定义" 选项中 "显示" 按钮（单击完后，变为 "隐藏"），凸模零件以网格形式显示，单击 "编辑…" 按钮，对网格边界进行检查，进入 "网格编辑" 窗口，在编辑显示窗口中 "On/Off Control" 关闭 "Blank" 和 "die" 零件层，只显示 "punch" 压边零件，单击 "边界显示" ▣ 按钮，此时凸模边界线呈黑色高亮状态显示，具体步骤 1—4 如图 6-26 所示，说明压边零件网格完好且无缺陷。

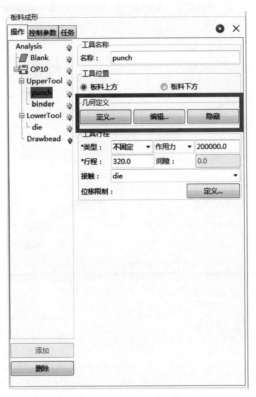

图 6-25　编辑凸模窗口

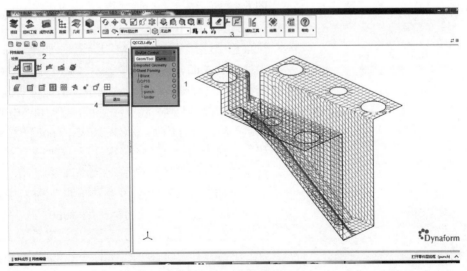

图 6-26　检查凸模网格边界

单击菜单栏"清除高亮显示" 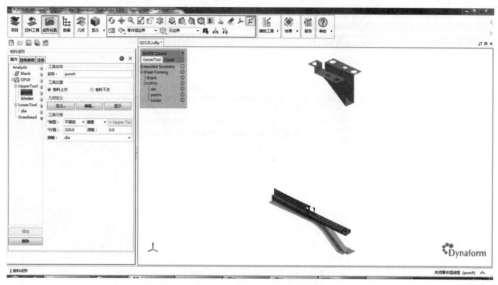 按钮将高亮显示擦除，单击"退出"按钮退出"网格编辑"窗口，返回图 6-25 中的"板料成形"窗口，单击"几何定义"选项中"隐藏"按钮，退出板料网格显示。在"工具行程"选项中，"类型"选择"不固定"，选择凸模"速度"为"=Upper Tool"，其他参数保留缺省值，单击显示窗口左上角将隐藏的零件层打开，完成凸模零件定义，如图 6-27 所示。

图 6-27 完成凸模定义界面

6.2.7 定义上压边零件

图 6-28 删除"binder"零件层

在图 6-27 的"板料成形"窗口中选择"Analysis"选项中的"Upper Tool"→"binder"选项，单击"删除"按钮，删除"binder"零件层，具体步骤 1—2 如图 6-28 所示。

选择"OP10"选项，单击鼠标右键，在弹出的下拉菜单中选择"添加 CAM"按钮，添加"CAM Tool"零件，在"Analysis"选项中显示"CAM Tool"/"CAM1"选项，在"CAM Tool"选项中单击鼠标右键，显示"添加 CAM 工具"选项，或单击左下角"添加 CAM 工具"按钮进行添加，新建"CAM Tool"/"CAM2"和"CAM Tool"/"CAM3"零件层，添加上压边和左、右压边零件，具体步骤 1—3 如图 6-29 所示。

在如图 6-29 所示"板料成形"窗口中，单击"CAM1"选项，工具名称改为"up01"，在"工具位置"中选择"板料上方"，即压边零件位于板料上方，单击"几何定义"选项的"定义..."按钮，具体步骤 1—4，如图 6-30 所示。跳转到"定义工具：up01"

窗口，在"数据列表"选项中选择"up01.dat"，此时零件呈白色高亮显示。在"选择方式"选项中勾选"通过层选择"选项，单击"包括"按钮，压边零件呈灰色高亮显示，具体步骤1—4如图 6-31 所示，单击图 6-31 中"退出"按钮退出"定义工具：up01"界面，返回到"板料成形"界面。

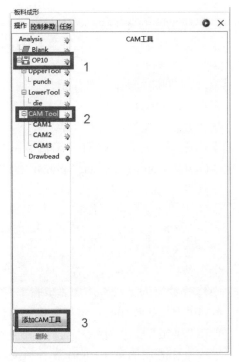

图 6-29　添加 CAM 工具界面

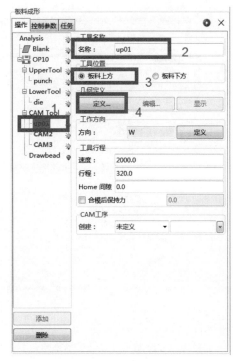

图 6-30　定义"up01"界面

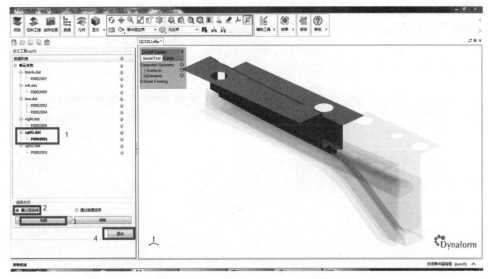

图 6-31　"定义工具：up01"界面

对网格边界进行检查，单击"几何定义"选项中"显示"按钮，零件以网格形式显示，

图 6-32　编辑"up01"零件窗口

单击"编辑…"按钮，对网格边界进行检查，如图 6-32 所示。进入"网格编辑"窗口，在编辑显示窗口中"On/Off Control"关闭"die""punch"和"Blank"零件层，只显示"up01"零件，单击"边界显示" 按钮，此时模型边界线呈黑色高亮状态显示，如图 6-33 所示，说明压边零件网格完好且无缺陷，单击菜单栏"清除高亮显示" 按钮将高亮显示擦除，单击"退出"按钮退出"网格编辑"窗口，返回图 6-32 中"板料成形"窗口，单击"几何定义"选项中"显示/隐藏"按钮，退出板料网格显示，打开编辑显示窗口中"On/Off Control"的"die""punch"和"Blank"零件层，完成 up01 的几何定义。

在图 6-32 的"工作方向"选项中单击"定义"按钮，自动跳转"定义方向"界面，在"定义方向"选项中，定义类型选择"矢量"按钮，方向选择"W"轴，在"矢量"中修改数值为"-1"，具体步骤 1—4 如图 6-34 所示。此时"up01"零件矢量方向朝下，单击"确定"按钮，返回"板料成形"界面，完成工作方向的定义，up01 零件自动跳转到板料上方。

定义"up01"的"工具行程"，在"工具行程"选项中修改工具行程参数："速度"修改为"1000"；行程修改为"2"；"Home 间隙"默认为"0"，保留缺省值。定义"CAM 工序"，在"创建"选项中选择"Before 之前"/"Main Motion"，即该工序在成形工序之前。完成"up01"零件的定义，如图 6-35 所示。

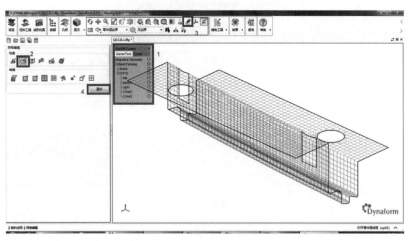

图 6-33　检查压边零件网格边界

金属冲压成形仿真及应用
——基于 DYNAFORM

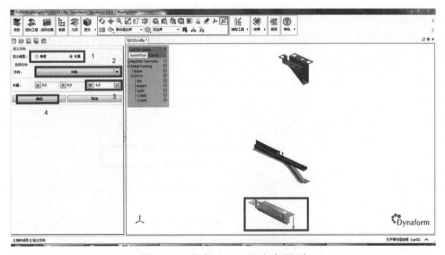

图 6-34　定义"up01"方向界面

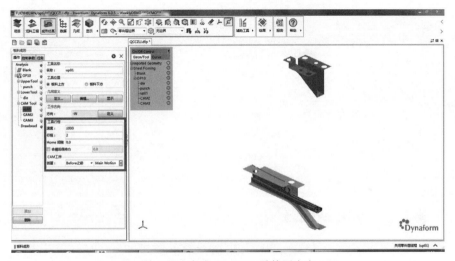

图 6-35　完成"up01"零件层定义

6.2.8　定义左、右压边零件

单击图6-35"Analysis"中"CAM2"选项，将"工具名称"中"CAM2"名称改为"left"，为左压边零件，在"工具位置"选项中选择"板料上方"按钮，单击"几何定义"选项的"定义..."按钮，具体步骤1—4，如图6-36所示。系统自动进入"定义工具：left"界面，在"数据列表"选项中选择"left.dat"，此时零件呈白色高亮显示，在"选择方式"选项中，勾选"通过层选择"选项，单击"包括"按钮，具体步骤1—4，如图6-37所示。"left"零件呈灰色高亮显示，单击图6-37中"退出"按钮退出"定义工具：left"窗口，返回到"板料成形"窗口，如图6-38。参考6.2.7节对左压边零件进行网格边界检查。

在如图6-38"板料成形"界面中单击"工作方向"中的"定义"按钮，调整零件运动方向，系统自动跳转到"工作方向"窗口，在"定义方向"/"定义类型"中选择"矢量"，在"选择方向"选项中单击 ▣ 按钮，出现下拉菜单，调整方向为"U轴"，单击 ▣ 按钮，或者改"U"矢量值为"-1.0"，其他数值调整为"0"，此时在工作显示窗口中箭头指向板料，具体步骤 1—4 如图 6-39 所示，单击图 6-39 中"确定"按钮，返回"板料成形"对话框。

定义"left"的"工具行程"，在"工具行程"选项中修改工具行程参数："速度"修改为"1000"；行程修改为"2"；"Home 间隙"默认为"0"，保留缺省值。在"CAM 工序"中"创建"选项中选择"同步"/"up01"，如图 6-40 所示，完成左压边零件定义。

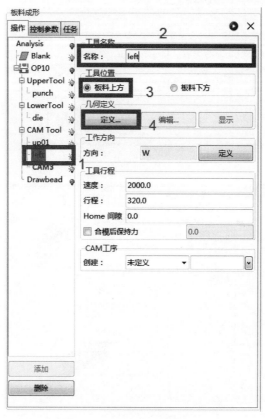

图 6-36 编辑 left 零件窗口

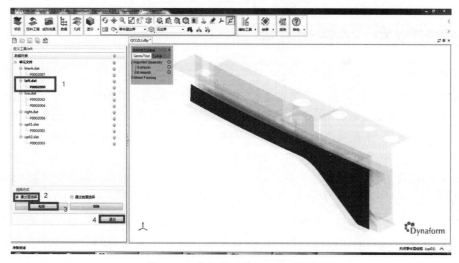

图 6-37 "定义工具：left"界面

金属冲压成形仿真及应用
——基于 DYNAFORM

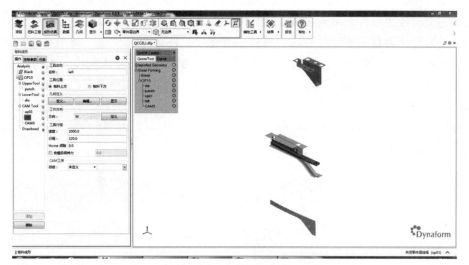

图 6-38　完成几何定义界面

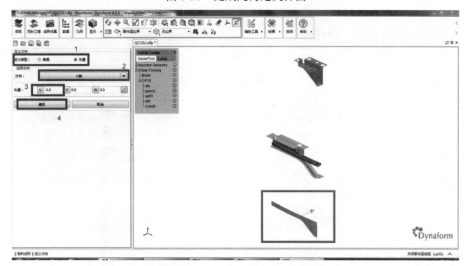

图 6-39　定义矢量方向界面

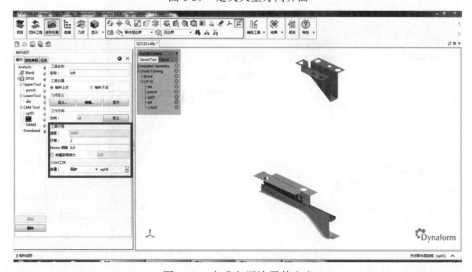

图 6-40　完成左压边零件定义

同理定义右压边零件，单击图 6-40 中"CAM Tool"选项中"CAM3"，将"工具名称"命名为"right"，为右压边，对右压边零件进行定义，在"工具位置"选项中选择"板料上方"按钮，单击"几何定义"选项的"定义..."按钮，具体步骤 1—4 如图 6-41 所示。系统自动跳转进入"定义工具：right"窗口，选择"right.dat"，此时零件呈白色高亮显示，在"选择方式"选项中勾选"通过层选择"选项，单击"包括"按钮，具体步骤 1—4 如图 6-42 所示，"right"零件呈灰色高亮显示，单击图 6-42 中"退出"按钮退出"定义工具：right"窗口，返回到"板料成形"窗口。

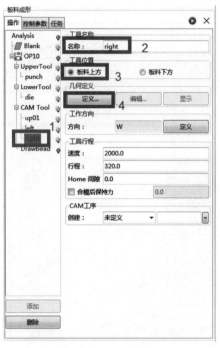

图 6-41　定义右侧压边界面

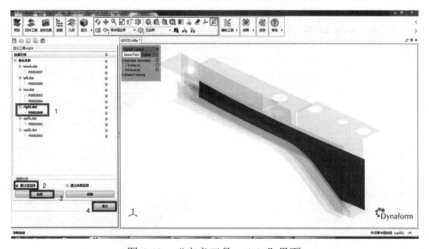

图 6-42　"定义工具：right"界面

在"板料成形"中单击"工作方向"中的"定义"按钮，调整零件运动方向，跳转到"工

金属冲压成形仿真及应用
——基于 DYNAFORM

作方向"窗口,在"定义方向"/"定义类型"中选择"矢量",在"选择方向"中调整方向"U 轴",调整矢量方向指向板料,矢量"U"数值改为"1",具体步骤 1—4 如图 6-43 所示。单击如图 6-43 中"确定"按钮,返回"板料成形"对话框,完成运动方向定义。

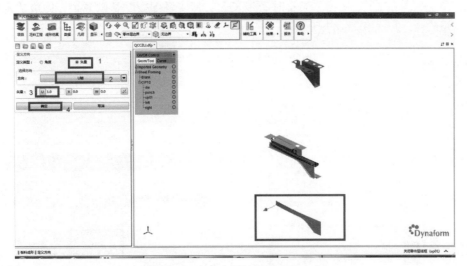

图 6-43　定义右压边零件工作方向

定义"right"零件的"工具行程",在"工具行程"选项中修改工具行程参数:"速度"修改为"1000";行程修改为"2";"Home 间隙"默认为"0",保留缺省值。在"CAM工序"中"创建"选项中选择"同步"/"up01&left",如图 6-44 所示,完成右压边零件定义。

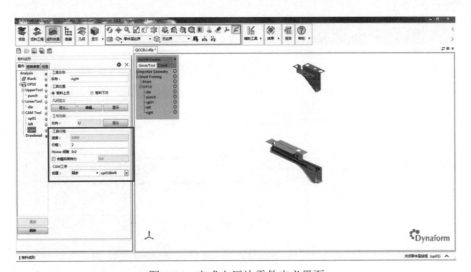

图 6-44　完成右压边零件定义界面

6.2.9　设置工步及成形控制

在图 6-44 所示的"板料成形"窗口中,单击"OP10"选项,对工步进行设置,修改成形运动参数:"行程"修改为"385";"类型"选择"速度",将速度参数修改为"1000",其他参数保留缺省值,完成工步设置,具体步骤 1—2 如图 6-45 所示。

在如图 6-45 中单击"控制参数"选项卡，进入成形控制窗口，在"Analysis"选项中选择"OP10"，在"板料属性"选项中保留缺省值。

在"基本参数"中，单击"时间步长"左侧的 ◎ 按钮，弹出"Inventium"对话框，如图 6-46，单击"是（Y）"按钮，调整时间步长。工具接触保留默认缺省值。完成成形控制设置，具体步骤 1—2，如图 6-47 所示。

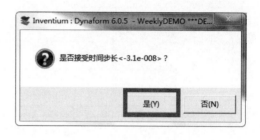

图 6-45　"OP10"设置界面　　　　图 6-46　"Inventium"提示窗口

图 6-47　控制参数界面

金属冲压成形仿真及应用
——基于 DYNAFORM

6.2.10　设置时间步长

时间步长是显式计算中非常重要且有特点的控制参数之一。它与板料的单元大小及材料有直接的关系。当板料的材质和单元大小确定之后，对应的时间步长大小也就确定了。

软件默认值为-1.2e-006。点击后方的计算按钮，软件会自动找出坯料上最小的 10 个单元，计算每一个单元的时间步长，然后根据计算结果的均值取一个新的时间步长作为系统分析使用的时间步长。

采用计算值的好处是，精度的计算得到极大的保证，因为计算的时间步长满足最小单元的计算要求，同时也间接满足了大单元的计算要求。整个系统的计算会非常稳定，同时计算结果的精度也是较高的。但是劣势也非常明显，因为整个板材中，小单元的数量一般占比很小，使用小单元对应的时间步长，会拉低整体的计算效率，使得计算时间大大延长。所以为了提升效率，可以根据情况小幅度地加大时间步长值，来提升整体的计算效率。一般以不超过板料质量的 5%为宜。

需要注意的是，加大该值应不考虑前方的负号，负号代表只针对固有时间步长小于设定时间步长的单元，统一使用设置时间步长。固有时间步长大于设定时间步长的单元，还是使用其固有值。

6.2.11　提交求解器运算

在如图 6-47 所示的"板料成形"窗口中，单击"任务"选项卡，进入任务设置，"任务文件名"选择"SMP"，勾选"仅写出输入文件"和"减少冲压行程"选项，单击"预览"，

具体步骤 1—3 如图 6-48 所示。对成形过程进行预览，系统自动跳转"工艺/动画"窗口，单击显示窗口▶按钮对各工模具的运动进行预览，如图 6-49，观察各模具运动情况，单击"退出"按钮退出"工艺/动画"窗口。单击图 6-48 所示"提交任务"按钮，弹出"Inventium"提示对话框"是否保存模型？"如图 6-50 所示，单击"Inventium"对话框"是（Y）"按钮，此时文件以"dfp"文件保存，弹出"Inventium"对话框提示"The ls-dyna input file is written"，单击"确定"按钮，如图 6-51 所示，输出"ls-dyna"文件。

打开"Ls-Dyna"求解器，单击"Add a job"按钮，如图 6-52 所示，弹出"Select Dyna File"对话框，从文件夹中找到"OP10.dyn"文件，单击"打开（O）"按钮，如图 6-53 所示，弹出"LS-DYNA Job Settings"对话框如图 6-54 所示，单击"OK"按钮，此时在"Job Submitter 2020 R1"窗口中，文件已经导入进来，如图 6-55 所示，单击"Submit Jobs"按钮求解器进行运算。

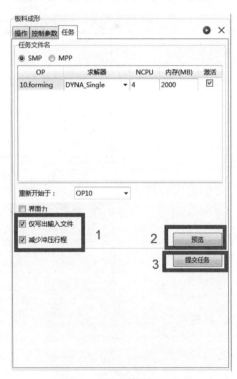

图 6-48　板料成形任务界面

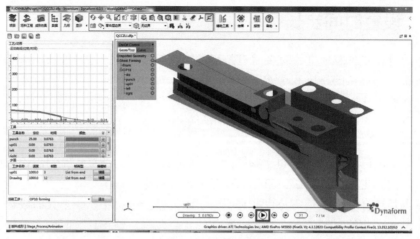

图 6-49　运动预览界面

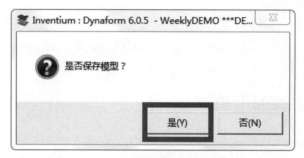

图 6-50　保存模型提示窗口

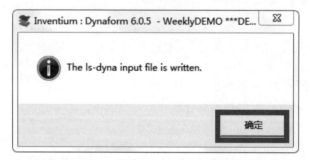

图 6-51　输出 ls-dyna 文件提示窗口

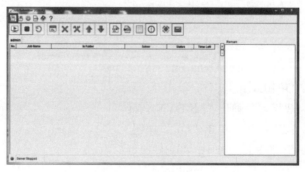

图 6-52　求解器窗口

金属冲压成形仿真及应用
——基于 DYNAFORM

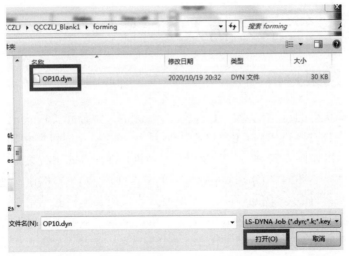

图 6-53　导入"dyn"文件窗口

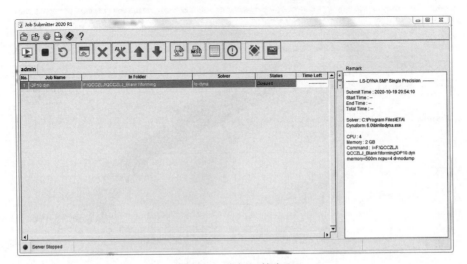

图 6-54　"LS-DYNA Job Settings"窗口

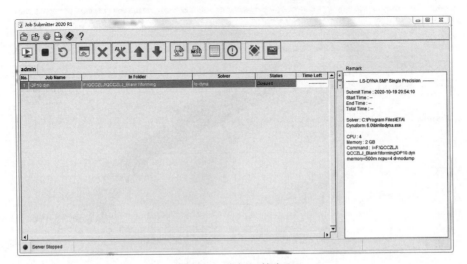

图 6-55　求解运算窗口

6.3　成形结果分析及优化

6.3.1　成形结果分析

完成模拟试验获得的试验结果，在图 6-55 "Status" 中显示 "Finished"，表示求解计算已经完成。启动 DYNAFORM 6.0，单击 "项目"—"打开项目" 按钮，具体步骤 1—2 如图 6-56 所示。弹出如图 6-57 所示的 "打开" 对话框，打开方式下拉菜单中选择 "LSDYNA Result File（*3plot）"，选择 "Op10.d3plot"，单击 "打开（O）" 按钮，进入后处理显示界面，在显示窗口中，只显示 "Blank"，单击最后一步，在菜单栏的结果中，单击 "成形极限图" 按钮，输出成形极限结果，如图 6-58 所示。单击菜单栏中的 "厚度" 按钮，显示的板料厚度云图如图 6-59 所示。单击图 6-59 中的当前分量选项，选择 "变薄"，显示的减薄云图如图 6-60 所示。零件厚度减薄率最大为 7.007%，零件增厚率为 10.901%。基于成形极限图和减薄分布云图，零件弯曲变形后，在弯曲内侧受挤压厚度增厚，在零件外侧的材料厚度减薄。

图 6-56　打开项目选项　　　　　图 6-57　"打开" 后处理对话框

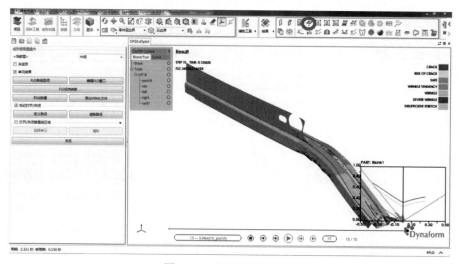

图 6-58　成形极限图 FLD

金属冲压成形仿真及应用
——基于 DYNAFORM

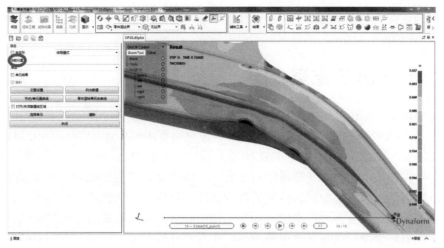

图 6-59　厚度分布云图

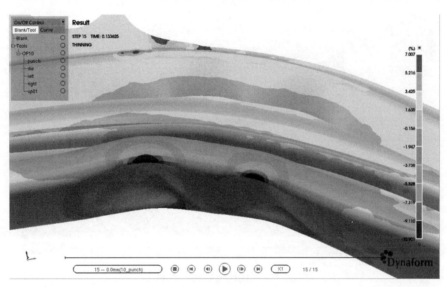

图 6-60　减薄率分布云图

6.3.2　冲压速度分析

冲压速度是 DYNAFORM 60 软件中一个非常重要的冲压工艺参数。软件中采用的是虚拟冲压速度，其中：合模时的冲压速度取值为 2000mm/s，拉深时的冲压速度值为 5000mm/s，约为真实冲压速度的 100 倍左右。

使用实际的冲压速度固然可以，但是实际速度一般情况下比较小，计算时间非常长，会严重影响计算效率。之所以放大 100 倍是因为经过大量的算例分析之后发现，一般情况下 100 倍加速结果产生的精度误差几乎可以忽略不计，但是效率提升非常明显。

对于速度的设置可以根据实际情况区别对待。如果关注点是精度第一，效率不在考虑范围之内，使用实际的冲压速度值以及工具运动曲线是最精准的方式。如果需要考虑效率，那么可以适当地加大速度值来提升运算效率。一般情况下，建议四周都有压延筋的分析可以使用 5000mm/s。普通的冲压分析，使用 2000mm/s。翻边等无支撑的分析使用 800mm/s 或以下速度。速度的设置应尽可能地减小工具的加速度值，这样可以避免引入过大的额外加速度力对板料造成的影响。

6.3.3　优化试验及结果分析

本章主要针对冲压速度这个工艺参数进行优化及分析。在前处理设置上调整冲压速度，在步骤选项中，修改冲压速度，设置 500mm/s 的速度进行求解，输出零件成形 FLD 及厚度减薄率分布云图，分别如图 6-61 和图 6-62 所示，零件成形 FLD 显示，该零件无开裂缺陷，厚度减薄率分布云图显示零件厚度减薄率为 8.070%，厚度增厚率为 9.629%。在多数情况下，某个目标的改善可能会引起其他目标性能的降低，使多目标同时达到最优较为困难，在冲压过程中，减薄率的增加，导致增厚率的降低，无法同时满足减薄率和增厚率最优结果。本章的例子中，优化前后零件的减薄率均小于 10%，不存在开裂现象，达到了企业对该零件的成形要求，该优化方案减小冲压速度，降低了增厚率，使得增厚率小于 10%，降低起皱风险。

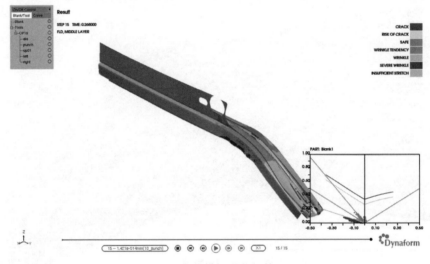

图 6-61　优化模拟后获得的 FLD

图 6-62　优化后厚度减薄率分布云图

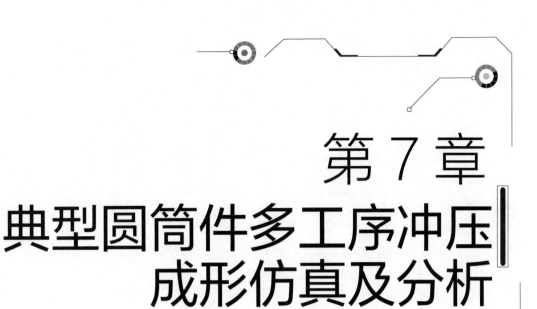

第 7 章
典型圆筒件多工序冲压成形仿真及分析

本章主要针对一种典型的轴对称冲压零件——圆筒件进行多工序冲压成形模拟与工艺参数优化。圆筒件结构简单对称，材料流动均匀，应力多集中于底部圆角，是典型的简单冲压件，但由于本章圆筒件一次拉深并不能得到所需的结果，故采用多工序拉深方式进行冲压成形。

7.1 圆筒件零件特性分析及工艺简介

7.1.1 圆筒件零件特性分析

本章所选用的圆筒件材料为 08 钢，厚度 t=1mm，力学性能如表 7-1 所示。圆筒件几何尺寸示意，如图 7-1 所示。根据圆筒件冲压工艺知：由于 $\dfrac{d_f}{d} = \dfrac{56}{25} = 2.24 > 1.4$，所以该圆筒件属于宽凸缘圆筒件；底部圆角 $r = 4.5\text{mm} > t$（t：板料厚度），凸缘处 $r = 4.5\text{mm} > t$，因此满足拉深工艺要求。所用材料：08 钢，材料的强度、硬度偏低，但塑性、切性高，因此材料的拉深性能好，易拉深成形。

综上所述，该圆筒件易于进行拉深成形，适合大批量生产。

双动冲压成形，是一种常用的双动压力机运动完成冲压成形的方式。双动压力机机床有两个滑块机构。成形过程为：压边圈下行，与下模（凹模）一起压住板料，当压住板料后，上模（凸模）下行直至闭合。双动压力机结构，如图 7-2 所示。

在多工步级进模的成形过程中，一般来说下模固定不动，凸模和压边圈分别运动，完成压边和拉深的步骤，这样就需要压边圈和凸模各自运动，符合双动压力机的运动方式。故而圆筒件的多工步成形模拟采用双动成形的方式完成。无论双动还是单动，在软件中都可以通过工具的运动方向以及相互之间的位置关系来调整，一般情况下建议用户根据零件的实际情况来选取运动方式。

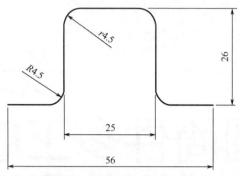

图 7-1　圆筒件几何尺寸示意图

表 7-1　08 钢材料力学性能

材料牌号	抗拉强度 σ_b/MPa	屈服强度 σ_s/MPa	伸长率 δ（%）	断面收缩率 Ψ（%）
08 钢	≥325（33）	≥195（20）	≥33	≥60

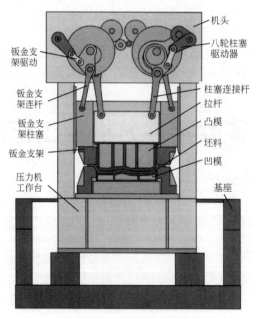

图 7-2　双动压力机

7.1.2　圆筒件多工序拉深工艺计算

通过采用逐步减小筒体直径和增加高度的方法对其进行拉深，按中线尺寸计算，查表得修边余量 $\delta = 2.5\text{mm}$，零件的实际凸缘尺寸 $d_f = 61\text{mm}$，取 $r_p = r_d = r = 4.5\text{mm}$，

根据坯料计算公式 $D = \sqrt{d_f^2 + 4dh - 3.44dr}$，$d = 25\text{mm}, h = 26\text{mm}$，得 $D = 77.03\text{mm}$。

由于零件坯料相对厚度 $\frac{t}{D} \times 100 \approx 1.3$，凸缘相对直径 $\frac{d_\mathrm{f}}{d} = 2.24$，查表得首次拉深的极限系数 $[m_1] = 0.38$，首次拉深的最大相对高度 $\left[\frac{h_1}{d_1}\right] = 0.25$，实际的总拉深相对高度为 $\frac{h}{d} = 1.04$，实际总拉深系数 $m_\text{总} = 0.32\,\mathrm{m}$。

因为：$\frac{h}{d} > \left[\frac{h_1}{d_1}\right]$，所以该零件不能一次拉深成形，需要多次拉深。

又因为：$\frac{t}{D} \times 100 \approx 1.3$，查表可知，需要用压边圈。

先假定 $\frac{d_\mathrm{f}'}{d_1}$ 值，求出 d_1，凸凹模圆角半径 $r_{p_1} = r_{d_1} = r = 4.5\,\mathrm{mm}$，由式（7-1），计算出 h_1。

$$h_i = \frac{0.25}{d_i}(D^2 - d_\mathrm{f}^2) + 0.43(r_{p_i} + r_{d_i}) + \frac{0.14}{d_i}(r_{p_i}^2 - r_{d_i}^2) \qquad (7\text{-}1)$$

由表 7-2 知：$\frac{d_\mathrm{f}'}{d_1} = 1.65$ 时符合要求，所以，选 $d_1 = 36.97\,\mathrm{mm}$。

表 7-2　相对直径与拉深系数的关系

假定的 d_f'/d_1 值	$[m_1]$	$[d_1]$	m_1	$[h_1]$	h_1/d_1	$[h_1/d_1]$
2.0	0.43	30.5	0.40	22	0.72	0.36～0.46
1.9	0.43	32.11	0.42	21.1	0.66	0.36～0.46
1.8	0.46	33.89	0.44	20.19	0.6	0.42～0.53
1.7	0.46	35.88	0.47	19.29	0.54	0.42～0.53
1.65	0.46	36.97	0.48	18.8	0.51	0.42～0.53
1.6	0.46	38.13	0.50	18.38	0.48	0.42～0.53

查《冲压手册》得：$[m_2] = 0.76, [m_3] = 0.79$，计算得：

$d_2 = [m_2]d_1 = 28.1\,\mathrm{mm}$

$d_3 = [m_3]d_2 = 22.2\,\mathrm{mm} < d = 25\,\mathrm{mm}$

所以该圆筒件需要进行三次拉深成形。

重新对放大的系数及拉深直径进行计算，如下：

放大系数：$k = \sqrt[3]{\dfrac{m_\text{总}}{[m_1] \times [m_2] \times [m_3]}} = 1.0552$；则计算得：

$m_1 = k \times [m_1] = 0.485$

$m_2 = k \times [m_2] = 0.802$

$m_3 = k \times [m_3] = 0.834$

圆筒件各道次拉深的工序件直径为：

$d_1 = m_1 D = 37.36\,\mathrm{mm}$

$d_2 = m_2 d_1 = 29.96\,\mathrm{mm}$

$d_3 = m_3 d_2 = 24.99\,\mathrm{mm}$

取：$d_1 = 37.4\,\mathrm{mm}, d_2 = 30\,\mathrm{mm}, d_3 = 25\,\mathrm{mm}$，

则 $m_1 = \dfrac{d_1}{D} = 0.49, m_2 = \dfrac{d_2}{d_1} = 0.8, m_3 = \dfrac{d_3}{d_2} = 0.83$。

进行圆筒件三次拉深工序的工艺参数计算。

选择第一种宽凸缘多次拉深方法，则保持各次拉深的凸凹模圆角半径不变：

$r_{p_1} = r_{d_1} = r_{p_2} = r_{d_2} = r_{p_3} = r_{d_3} = r = 4.5\text{mm}$。

为了避免凸缘直径在已获得拉深中发生收缩变形，首次拉深时拉入凹模的毛坯面积应加大 3%～10%，此处取加大 3%加以考虑。

凸缘圆角以内的面积：

$A_1 = \dfrac{\pi}{4}\left(d_{f1}^2 + 4dh - 3.44dr\right)$，$d_{f1} = 25 + 2 \times 4.5 = 34\text{mm}$，则 $A_1 = 2646\text{mm}^2$。

凸缘圆角以外的面积

$A_2 = \dfrac{\pi}{4}\left(d_f^2 - d_{f1}^2\right) = 2014.5\text{mm}^2$

修正后的毛坯直径 $D' = \sqrt{\dfrac{4}{\pi}\left[(1+3\%)A_1 + A_2\right]} = 77.68\text{mm}$，取 $D' = 77.7\text{mm}$。

首次拉深的拉深高度为：

$h_1 = \dfrac{0.25}{d_1}(D'^2 - d_f^2) + 0.43(r_{p_1} + r_{d_1}) + \dfrac{0.14}{d_i}(r_{p_1}^2 - r_{d_1}^2) = 19.35\text{mm}$

取 19.4mm。

$\dfrac{d_f'}{d_1} = 1.65, \dfrac{t}{D'} \times 100 = 1.28$，查表得首次拉深的极限系数 $[m_1] = 0.46$，首次拉深的最大相对高度 $\left[\dfrac{h_1}{d_1}\right] = 0.42 \sim 0.53$，实际的拉深相对高度为 $\dfrac{h_1}{d_1} = 0.52$，实际首次拉深系数 $m_1 = 0.48$。因为 $m_1 > [m_1], \dfrac{h_1}{d_1} < \left[\dfrac{h_1}{d_1}\right]$ 的最大值，故首次拉深可以成形。

设第二次拉深中多拉入 1.5%的材料，按上述方法，首先计算出其假想毛坯尺寸 $D_2 = 77.35\text{mm}$，取 $D_2 = 77.4\text{mm}$，再求出第二次拉深的高度 $h_2 = 22.78\text{mm}$，取 $h_2 = 22.8\text{mm}$。

第三次拉深高度即为实际零件的高度，即 $h_3 = 26\text{mm}$。如图 7-3 所示。

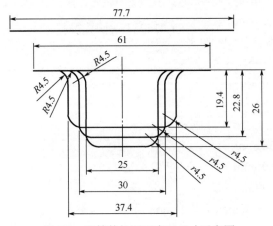

图 7-3　圆筒件拉深工序及尺寸示意图

进行压边力计算：

压边力 $F_{\text{压}} = AP = \dfrac{\pi}{4}\left(D^2 - d_{f1}'^2\right)P$，$d_{f1}' = 37.4 + 2 \times 4.5 = 46.4\text{mm}$，查《冲压手册》取：单位压边力 $P = 3\text{MPa}$，则 $F_{\text{压}} = 9152\text{N}$。

综上所述，后续工模具几何参数设计及拉深成形仿真试验所需参数数值的设置，可参考上述工艺参数计算而定。

7.2　圆筒件零件仿真试验及结果分析

7.2.1　导入模型

启动 DYNAFORM 6.0 后，选择菜单栏"项目"命令，点击"新建项目"，在弹出的"新建项目"界面选择"板料成形"并设置保存位置，点击"确定"，在"新建板料成形"界面下选择一次"双动"，两次"无压边成形"，一次"修边"过程，点击"确定"，如图7-4 所示。

选择菜单"几何"命令，在"曲线列表"下点击"导入"按钮，导入 YTJ_model1_DOUBLE ACTION.igs 文件，点击"打开（O）"按钮，完成文件导入，如图7-5 所示。退出文件导入对话框，导入文件后，观察模型显示。点击"退出"退出"几何"界面。模型导入，如图 7-6 所示。

图 7-4　"新建板料成形"界面设置

图 7-5　导入文件对话框

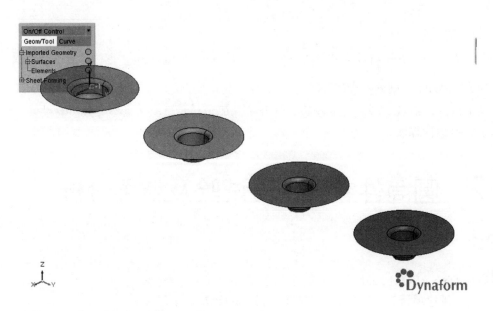

图 7-6   导入各拉深工序件几何模型

7.2.2   定义板料"Blank"

选择菜单"成形仿真"命令，点击"Analysis"下的"Blank"对板料进行定义。点击"定义轮廓线"，在弹出的对话框中点击"创建"创建板料轮廓线，选择零件 10 中心点作为基准点，按如图 7-7 所示编辑完成，点击"确定"，点击"退出"返回到"成形仿真"界面，至此板料轮廓线创建完成。

图 7-7   创建板料轮廓线

点击"板料列表"下的"材料"按钮，选择"欧洲"，在弹出的对话框中选择材料"08JUVG（Barlat's 89）"，点击"确定"，退出当前界面，如图 7-8 所示。将"网格尺寸"的数值改为 4，点击"应用"完成对板料的定义。

金属冲压成形仿真及应用
——基于 DYNAFORM

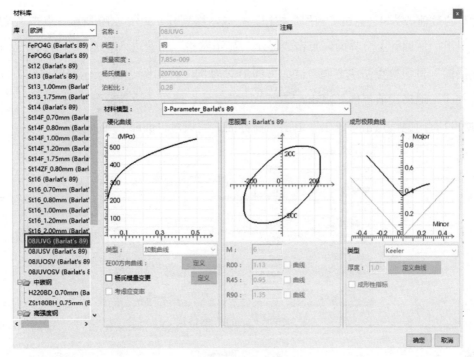

图 7-8　材料的选择

7.2.3　第一次拉深成形

选择菜单"成形仿真"命令，选择"Analysis"下的"OP10"对板料进行第一次拉深。点击"Upper Tool"下的"punch"对凸模进行定义。点击"定义"按钮，在弹出的对话框中选择零件 10，点击"通过曲面选择"，在下拉菜单中点击"box"，选择如图 7-9 所示区域，点击"包括"，点击"退出"退出当前界面。

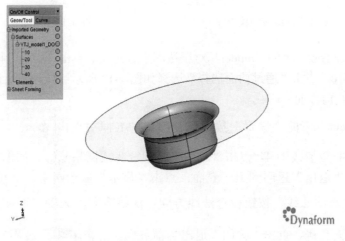

图 7-9　定义"punch"

点击"punch"下的"编辑"按钮，在弹出的界面中点击 ![icon] "工具网格划分"，将"最大尺寸"的数值改为4，点击"应用"按钮，完成网格划分，如图7-10所示。点击"关闭"，点击"退出"返回到上一界面，点击"显示"显示网格，重新进入"编辑"界面，点击 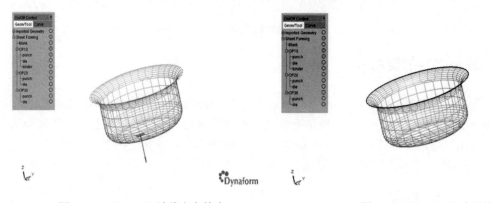"平面法向"按钮检查法线方向，法线方向沿 Z 轴向下，如图7-11所示表明法线方向正确。点击"关闭"退出当前界面。点击 📺 "边界显示"按钮，边界检查如图7-12所示，表明网格划分没有问题，点击"退出"退出当前界面，完成对"punch"的定义。

图7-10　"punch"网格划分

图7-11　"punch"法线方向检查　　　　　图7-12　"punch"边界检查

　　点击 "Upper Tool"下的"binder"对压边圈进行定义。点击"定义"按钮，在弹出的对话框中选择零件10，点击"通过曲面选择"选择如图7-13所示区域，依次选择"包括""退出"，即可退出当前界面。

　　点击 "binder"下的"编辑"按钮，在弹出的界面中点击 ▦ "工具网格划分"，将"最大尺寸"的数值改为4，点击"应用"按钮，完成网格划分，如图7-14所示。点击"关闭"，点击"退出"返回到上一界面，点击"显示"显示网格，重新进入"编辑"界面，点击 📐 "平面法线"按钮检查法线方向，法线方向沿 Z 轴向下，显示如图7-15所示，表明法线方向正确，点击"关闭"退出当前界面。点击 📺 "边界显示"按钮，边界检查如图7-16所示，表明网格划分没有问题，点击"退出"退出当前界面。点击"行程"后的"F"按钮，根据系统自动设置为20，在"工具行程"下将"作用力"的数值改为9152，完成对"binder"的定义。

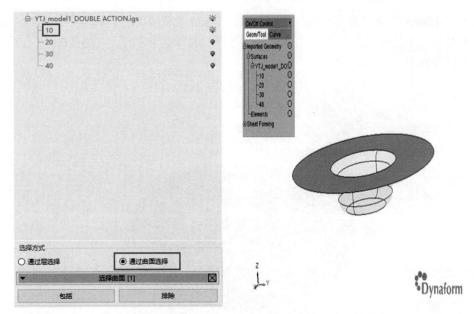

图 7-13　"binder"零件设置

工具网格划分		
参数	新建	原始
最大尺寸	4	30.0
最小尺寸：	0.5	0.5
弦高误差. :	0.15	0.15
角度：	20.0	20.0
忽略孔洞尺寸：	0.0	0.0
倒角最大长宽比：	100.0	100.0
应用	重置	关闭

图 7-14　"binder"网格划分

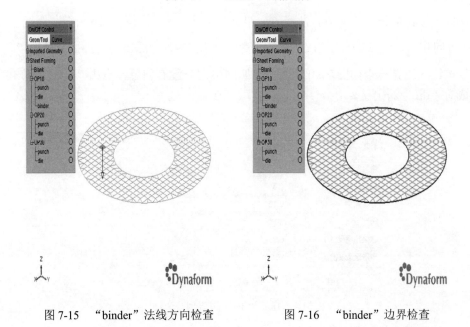

图 7-15　"binder"法线方向检查　　　　图 7-16　"binder"边界检查

点击 "Lower Tool" 下的 "die" 对凹模进行定义, 如图 7-17 所示。点击 "定义" 按钮, 在弹出的对话框中选择零件 10, 点击 "通过层选择" 选择整个零件, 点击 "包括", 点击 "退出" 退出当前界面。

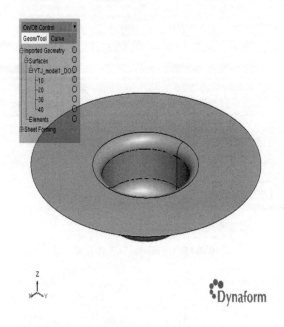

图 7-17   定义 "die"

点击 "die" 下的 "编辑" 按钮, 在弹出的界面中点击 ▨ "工具网格划分", 将 "最大尺寸" 的数值改为 4, 点击 "应用" 按钮, 完成网格划分, 如图 7-18 所示。点击 "关闭", 点击 "退出" 返回到上一界面, 点击 "显示" 显示网格, 重新进入 "编辑" 界面, 点击 ▨ "平面法向" 按钮检查法线方向, 法线方向沿 Z 轴向上, 显示如图 7-19 所示, 表明法线方向正确, 如方向相反, 点击 "反向" 按钮进行调整, 点击 "关闭" 退出当前界面。点击 ▨ "边界显示" 按钮, 边界检查如图 7-20 所示, 表明网格划分没有问题, 点击 "退出" 退出当前界面, 完成对 "die" 的定义。

工具网格划分		
参数	新建	原始
最大尺寸	4	30.0
最小尺寸:	0.5	0.5
弦高误差.:	0.15	0.15
角度:	20.0	20.0
忽略孔洞尺寸:	0.0	0.0
倒角最大长宽比:	100.0	100.0
应用	重置	关闭

图 7-18   "die" 网格划分

金属冲压成形仿真及应用
——基于 DYNAFORM

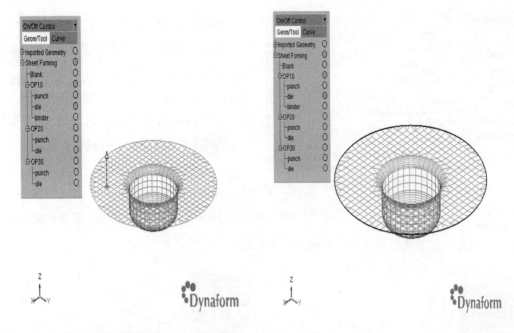

图 7-19　"die"法线方向检查　　　　　　　　图 7-20　"die"边界检查

7.2.4　第一次无压边拉深成形

选择菜单"成形仿真"命令，选择"Analysis"下的"OP20"对板料进行第一次无压边成形。点击"Upper Tool"下的"punch"对凸模进行定义。点击"定义"按钮，在弹出的对话框中选择零件20，点击"通过曲面选择"选择如图7-21所示区域，点击"包括"，点击"退出"退出当前界面。

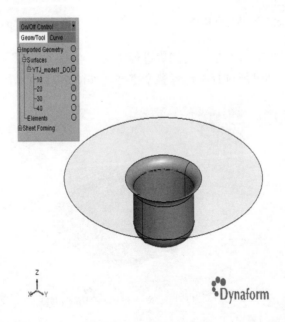

图 7-21　定义"punch"

工具网格划分		
参数	新建	原始
最大尺寸	4	30.0
最小尺寸：	0.5	0.5
弦高误差：	0.15	0.15
角度：	20.0	20.0
忽略孔洞尺寸：	0.0	0.0
倒角最大长宽比：	100.0	100.0
应用	重置	关闭

图 7-22　"punch" 网格划分

点击 "punch" 下 "显示" 显示网格，点击 "编辑" 按钮，在弹出的界面中点击 工具网格划分，将 "最大尺寸" 的数值改为 4，点击 "应用" 按钮，完成网格划分，如图 7-22 所示。点击 "关闭" 返回到上一界面，点击 "平面法向" 按钮检查法线方向，法线方向沿 Z 轴向下，如图 7-23 所示，表明法线方向正确，点击 "关闭" 退出当前界面。

点击 "边界显示" 按钮，对边界检查，如图 7-24 所示，表明网格划分没有问题，点击 "退出" 退出当前界面，完成对 "punch" 的定义。

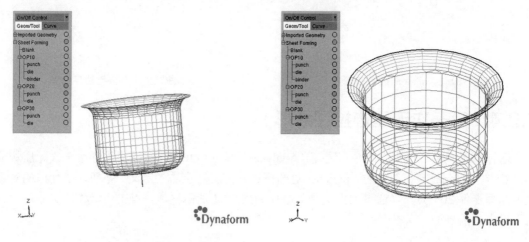

图 7-23　"punch" 法线方向检查　　　　图 7-24　"punch" 边界检查

点击 "Lower Tool" 下的 "die" 对凹模进行定义。点击 "定义" 按钮，在弹出的对话框中选择零件 20，点击 "通过层选择" 选择整个零件，如图 7-25 所示，点击 "包括"，点击 "退出" 退出当前界面。

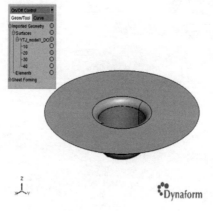

图 7-25　定义 "die"

172　金属冲压成形仿真及应用
——基于 DYNAFORM

点击"die"下的"显示"按钮显示网格，点击"编辑"按钮，在弹出的界面中点击 ![icon] "工具网格划分"，将"最大尺寸"的数值改为4，点击"应用"按钮，完成网格划分，如图7-26所示。点击"关闭"返回到上一界面，点击 ![icon] "平面法向"按钮检查法线方向，法线方向沿Z轴向上，如图7-27所示，表明法线方向正确，点击"关闭"退出当前界面。点击 ![icon] "边界显示"按钮，边界检查如图7-28所示，表明网格划分没有问题，点击"退出"退出当前界面，完成对"die"的定义。

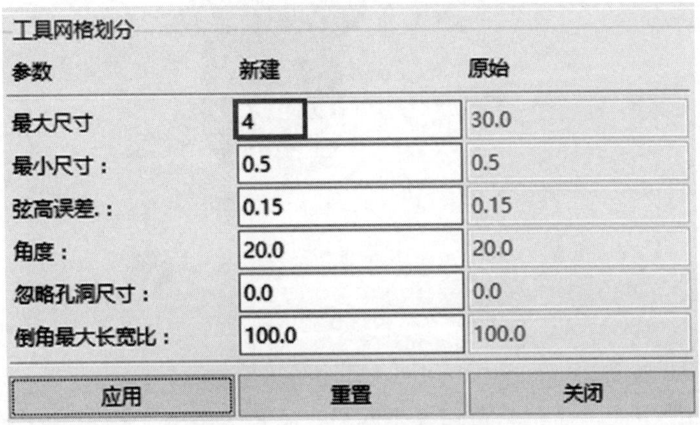

图 7-26   "die"网格划分设置

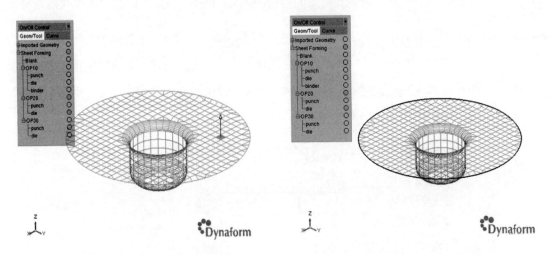

图 7-27   "die"法线方向检查   图 7-28   "die"边界检查

7.2.5 第二次无压边拉深成形

选择菜单"成形仿真"命令，选择"Analysis"下的"OP30"对板料进行第二次无压边成形。点击"Upper Tool"下的"punch"对凸模进行定义。点击"定义"按钮，在弹出的对话框中选择零件30，点击"通过曲面选择"选择如图7-29所示区域，点击"包括"，点击"退出"退出当前界面。

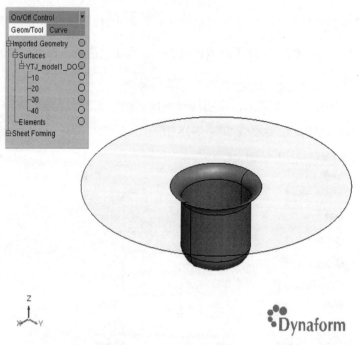

图 7-29　定义"punch"

　　点击　"punch"下的"显示"按钮显示网格，点击"编辑"按钮，在弹出的界面中点击 "工具网格划分"，将"最大尺寸"的数值改为4，点击"应用"按钮，完成网格划分，如图 7-30 所示。点击"关闭"返回到上一界面，点击 "平面法向"按钮检查法线方向，法线方向沿 Z 轴向下，显示如图 7-31 所示，表明法线方向正确，点击"关闭"退出当前界面。点击 "边界显示"按钮，边界检查如图 7-32 所示，表明网格划分没有问题，点击"退出"退出当前界面，完成对"punch"的定义。

工具网格划分		
参数	新建	原始
最大尺寸	4	30.0
最小尺寸：	0.5	0.5
弦高误差. ：	0.15	0.15
角度：	20.0	20.0
忽略孔洞尺寸：	0.0	0.0
倒角最大长宽比：	100.0	100.0
应用	重置	关闭

图 7-30　"punch"网格划分

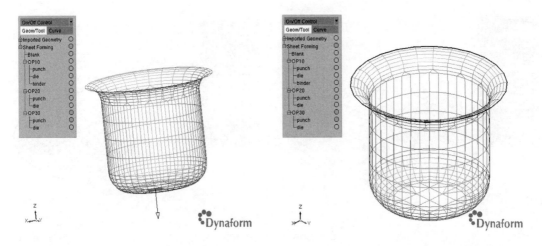

图 7-31　"punch"法线方向检查　　　　　　　　图 7-32　"punch"边界检查

点击 "Lower Tool" 下的 "die" 对凹模进行定义。点击 "定义" 按钮，在弹出的对话框中选择零件 30，点击 "通过层选择" 选择整个零件，如图 7-33 所示，点击 "包括"，点击 "退出" 退出当前界面。

点击 "die" 下的 "显示" 按钮显示网格，点击 "编辑" 按钮，在弹出的界面中点击 ▦ "工具网格划分"，将 "最大尺寸" 的数值改为 4，点击 "应用" 按钮，完成网格划分，如图 7-34 所示。点击 "关闭" 返回到上一界面，点击 ▨ "平面法向" 按钮检查法线方向，法线方向沿 Z 轴向上，如图 7-35 所示，表明法线方向正确，点击 "关闭" 退出当前界面。点击 ▣ "边界检查" 按钮，边界检查，如图 7-36 所示，表明网格划分没有问题，点击 "退出" 退出当前界面，完成对 "die" 的定义。

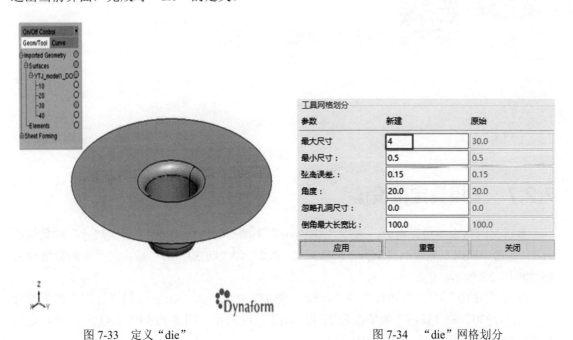

图 7-33　定义 "die"　　　　　　　　　　　　图 7-34　"die" 网格划分

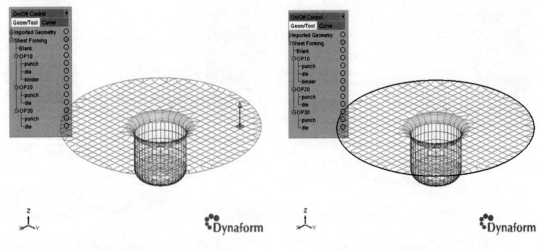

图 7-35　"die"法线方向检查　　　　　　　图 7-36　"die"边界检查

7.2.6　切边

选择菜单"成形仿真"命令，选择"Analysis"下的"OP40"对板料进行切边。点击"OP40"下的"Trim 1"，在"曲线"下点击"添加"按钮，在弹出的对话框中选择"导入的曲线"下的 Curve_1 曲线，如图 7-37 所示区域，点击"确定"，切边圈选择完成。

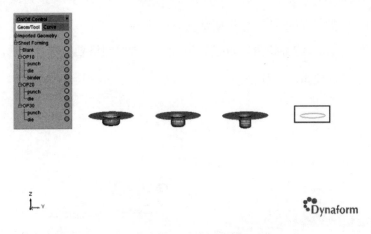

图 7-37　定义切边圈

7.2.7　工模具定位设置

重新对网格大小进行检查，选择"Analysis"下的"OP10"，将"最大尺寸"的数值改为 4，点击"应用"完成网格划分。同样对"OP20"和"OP30"的"最大尺寸"的数值改为 4。如图 7-38 所示。

点击"OP10"，将"OP10"的"行程"数值改为 25，将"OP20"的"行程"数值改为 30，将"OP30"的"行程"数值改为 37.4，如图 7-39 所示。图 7-40 和图 7-41 为工模具定位及前后变化对比图。

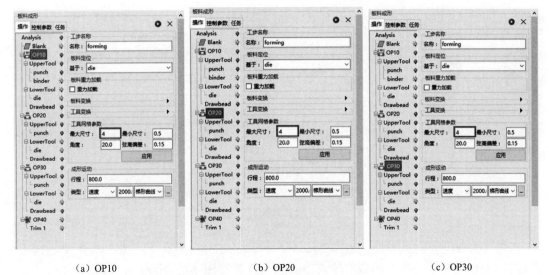

（a）OP10　　　　　　　　（b）OP20　　　　　　　　（c）OP30

图 7-38　工模具"最大尺寸"设置

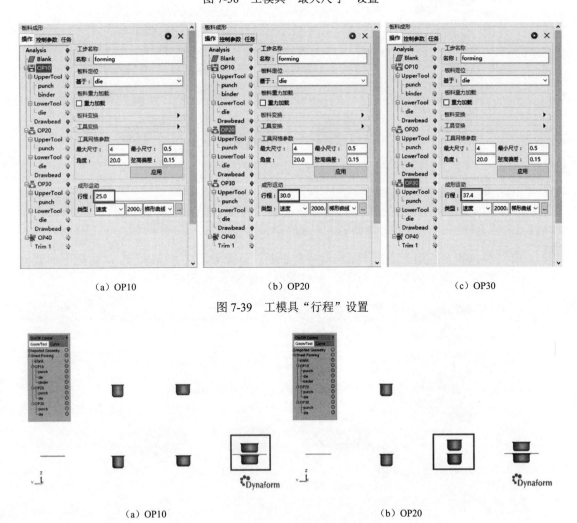

（a）OP10　　　　　　　　（b）OP20　　　　　　　　（c）OP30

图 7-39　工模具"行程"设置

（a）OP10　　　　　　　　　　　　　　　（b）OP20

图 7-40　工模具定位显示

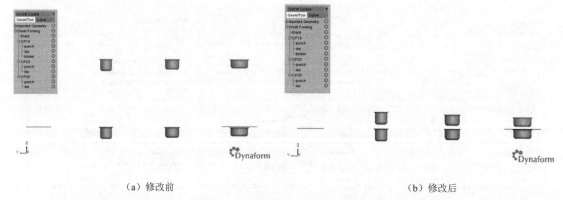

（a）修改前　　　　　　　　　　　　　　　　（b）修改后

图 7-41　工模具修改前后定位对比

点击"OP20"，在其界面上点击"板料变换"右侧三角符号，将"移动"在 V 方向上的数值改为 150，在 W 方向上的数值改为 20，板料变换如图 7-42 所示。

图 7-42　"OP20"板料定位

点击"OP30"，界面上点击"板料变换"右侧三角符号，将"移动"在 V 方向上的数值改为 300，在 W 方向上的数值改为 25，板料变换，如图 7-43 所示。

图 7-43　"OP30"板料定位

金属冲压成形仿真及应用
——基于 DYNAFORM

点击"OP40",界面上点击"板料变换"右侧三角符号,将"移动"在 V 方向上的数值改为 450,板料变换,如图 7-44 所示。

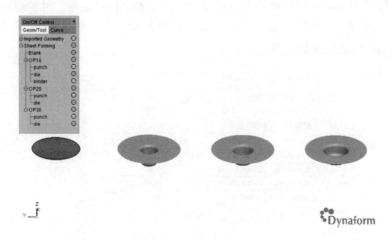

图 7-44　"OP40"板料定位

7.2.8　工模具运动规律的动画模拟演示

点击"板料成形"下的"任务",勾选"减少冲压行程",点击右侧"预览",可看其运动过程,如图 7-45 所示,点击⊙,动画开始演示,通过观察动画,可以判断工模具运动设置是否正确合理。点击"退出",返回"板料成形"界面。

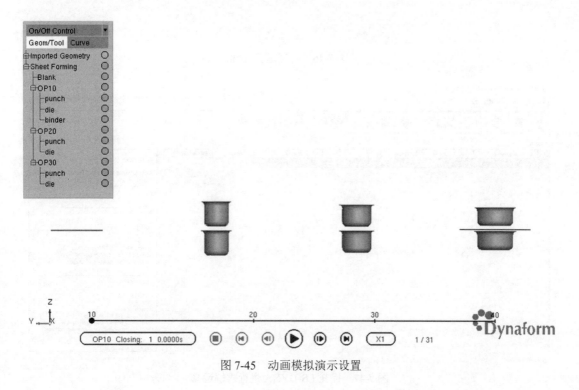

图 7-45　动画模拟演示设置

7.2.9 提交 LS-DYNA 进行求解计算

在提交运算前须及时保存已经设置好的文件。然后在"板料成形"对话框中点击 "提交任务",如图 7-46 所示。等待运算结束后,可在后处理模块中观察整个模拟结果。如图 7-47 为提交 LS-DYNA 后进行求解运算。

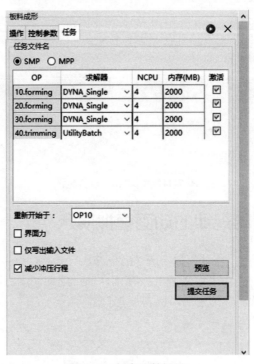

图 7-46 提交运算设置

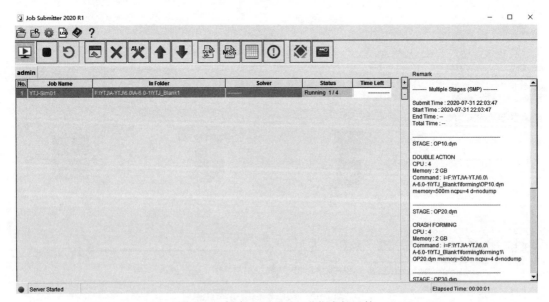

图 7-47 提交 LS-DYNA 进行求解运算

金属冲压成形仿真及应用
——基于 DYNAFORM

7.3 利用 eta/post 进行后处理分析

7.3.1 观察成形零件的变形过程

提交任务到 LS-DYNA 完成分析运算后，在 DYNAFORM 6.0 软件中点击菜单栏中的"View Results"命令，进入后处理程序。在菜单中选择"打开项目"命令，浏览保存结果文件目录，选择保持自定义的文件夹中的"*.idx"文件，点击"打开"按钮，读取结果文件。为了重点观察零件"Blank"的成形状况，点击 ⬚ "仅板料零件层"按钮，关闭其他零件，显示只打开"Blank"，然后点击 ▶，以动画形式显示整个变形过程。也可在过程中暂定，对过程中的某时间步的变形状况进行观察，如图 7-48 所示。

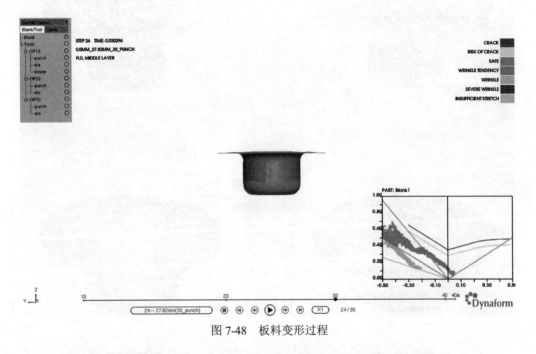

图 7-48 板料变形过程

7.3.2 观察成形零件的成形极限图及厚度分布云图

点击如图 7-49 所示各种按钮可观察不同的零件成形状况，例如点击其中的 ⬇ "成形极限图"按钮和 ⬗ "厚度"按钮，即可分别观察成形过程中零件"Blank"的成形极限及厚度变化情况，如图 7-50 所示为零件"Blank"的成形极限图，如图 7-51 所示为零件"Blank"的厚度变化分布云图。

图 7-49 成形过程控制工具按钮

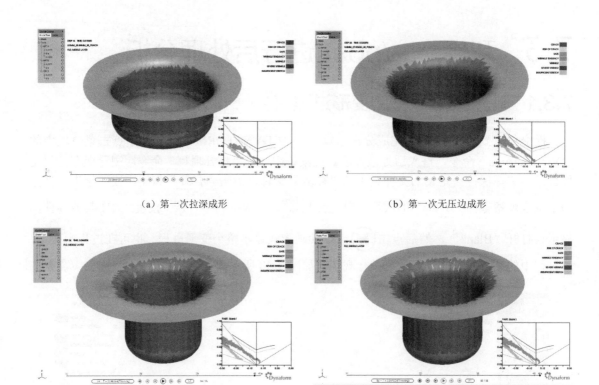

（a）第一次拉深成形   （b）第一次无压边成形

（c）第二次无压边成形   （d）切边

图 7-50　零件"Blank"板料成形极限图

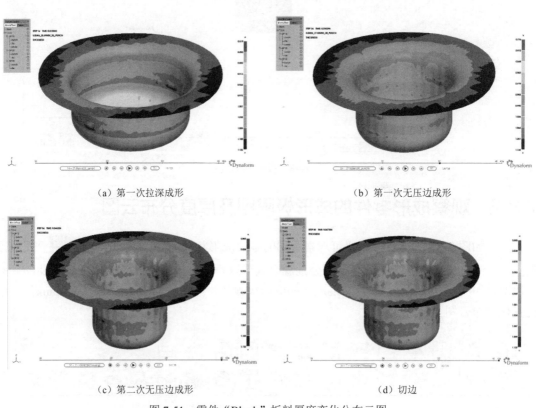

（a）第一次拉深成形   （b）第一次无压边成形

（c）第二次无压边成形   （d）切边

图 7-51　零件"Blank"板料厚度变化分布云图

金属冲压成形仿真及应用
——基于 DYNAFORM

注意：此圆筒件的网格划分参数仅修改了其中的最大单元尺寸，设置数值为 4mm，其他均采用了系统默认值。

7.4　圆筒件仿真优化试验及结果分析

根据第一工序成形结果分析，本节提供两种优化方案供读者思考，方案一：摩擦系数优化；方案二：压边力优化。由于前面章节已对压边力相关工艺理论及计算依据进行了阐述，故在本节中主要对相应的工艺参数优化仿真试验及试验结果加以分析。

7.4.1　圆筒件成形过程摩擦系数优化

摩擦力是冲压加工中非常重要的控制参数。摩擦力遵守经典的库仑摩擦定律，所以摩擦力由摩擦系数和正向挤压力决定。DYNAFORM 6.0 软件中只要设置了摩擦系数，即可以完成摩擦力的相关设定。

模具在行程中是同时伴随着滑动摩擦和静摩擦两种的，且随着行程加大，两种摩擦情况会相互转化。软件同时考虑了两种摩擦情况，用一个综合的摩擦系数来同时考虑两种摩擦情况对坯料的影响。但是，在实际生产中，知道确定的滑动摩擦系数和静摩擦系数是非常困难的。因次，一般仿真中，只用静摩擦系数来近似代替综合摩擦系数。所以仿真结果实际上是偏保守的。

对于固定的工具"PART"，使用相同的摩擦系数。如果需要在特定地点涂润滑油，比如，工模具圆角处和工模具端面，可考虑将凹模、凸模等工具分割成多个小工具，就可以设置不同的摩擦系数。

本章选取摩擦系数值分别为 0.08 与 0.2 来进行拉深仿真模拟试验，模拟试验结果，如图 7-52 和图 7-53 所示。

从图 7-53 可以看出，随着摩擦系数的增大，最大增厚率不断减少，最大减薄率不断增大。

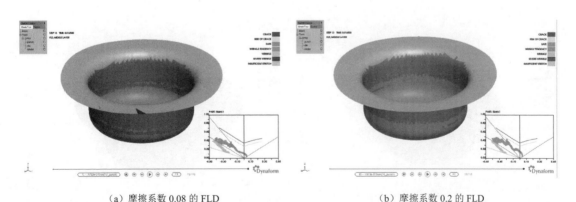

（a）摩擦系数 0.08 的 FLD　　　　　　　　　（b）摩擦系数 0.2 的 FLD

图 7-52　不同摩擦系数的成形极限图对比

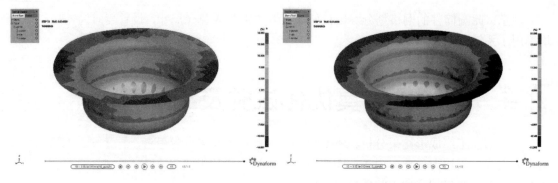

（a）摩擦系数 0.08 的厚度增减率　　　　　（b）摩擦系数 0.2 的厚度增减率

图 7-53　不同摩擦系数的厚度增减率分布云图对比

7.4.2　圆筒件拉深压边力参数优化

　　基于第二部分仿真试验的基础步骤，将"binder"下的"作用力"数值改为 6103N（单位压边力取为 2MPa）与 12203N（单位压边力取为 4MPa），仿真试验结果对比，如图 7-54 与图 7-55 所示。

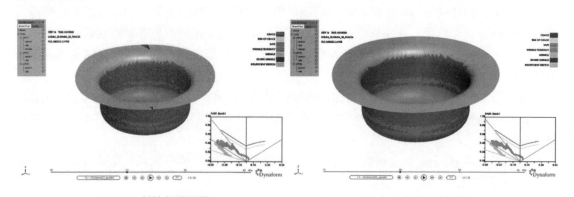

（a）2MPa 板料成形极限图　　　　　　　　（b）4MPa 板料成形极限图

图 7-54　不同压边力下获得的拉深成形极限图

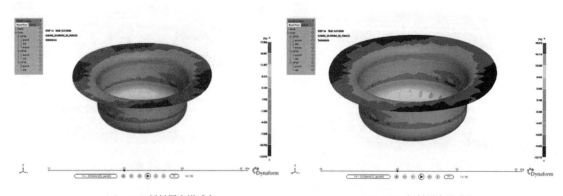

（a）2MPa 板料厚度增减率　　　　　　　　（b）4MPa 板料厚度增减率

图 7-55　不同压边力下获得的厚度增减率分布云图

由图 7-55 可以看出，最大增厚率随着压边力的增大而逐渐减少，相反最大减薄率则不断增大。

圆筒件拉深成形过程是一个涉及材料非线性、几何非线性和复杂的接触摩擦状况的大变形力学过程，采用计算机仿真技术对圆筒件多道次拉深成形过程进行仿真试验，分析给定工模具与实际工况工艺参数条件下的圆筒件拉深变形全过程，既考虑了冲压产品相关技术要求，也判断了工模具和拉深工艺方案的合理性，可大大缩短新产品开发周期，降低开发成本。

第8章
车用厚板梁冲压成形仿真试验及优化

本章针对一款重型卡车用厚板梁零件进行弯曲成形仿真模拟及参数优化。该车用厚板梁零件采用高强钢弯曲成形，回弹较大，零件底部有严重翘曲。

8.1 车用厚板梁零件特性及成形工艺简介

8.1.1 车用厚板梁零件分析

该车用厚板梁零件的几何 3D 模型，如图 8-1 所示。几何形状为 W 形，结构对称，根据工艺特点，在弯曲圆角处设计了几处凸起的小凸筋。采用厚度为 3mm，材质为 DP780 的高强钢弯曲成形。作为重型卡车用的横梁，该零件需要承受较大的载荷和力矩。

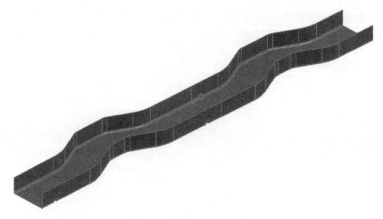

图 8-1　零件几何 3D 模型

8.1.2　弯曲成形工艺简介

该零件的成形类似弯曲成形。是板料冲压的主要成形工艺之一，即将材料（板材、型材、管材等）按照一定的角度和一定曲率压弯成形，获得所需的零件。弯曲的塑性变形只发生在圆角部分，在弯曲力矩 M 的作用下，材料内侧金属受压发生压缩，外部受拉应力伸长变形。在弯曲变形中存在不伸长也不做压缩的中性层，弯曲以应变中性层位置作为计算工件弯曲部分展开程度的依据，随着变形程度的增大，中性层向毛坯内表面位移，在确定中性层半径后，可用式（8-1）进行计算：

$$\rho = r + xt \tag{8-1}$$

式中，ρ 为应变中性层弯曲半径，mm；r 为内弯曲半径，mm；t 为板料弯曲前的厚度，mm；x 为中性层位移系数。

变形应力分析情况如图 8-2 所示，变形区的外侧任一层材料在弯曲过程中的切应变，可由式（8-2）计算得：

$$\varepsilon_\theta = \frac{x}{\rho_\varepsilon} \tag{8-2}$$

当 $x = t/2$ 时，该层的材料切向应变达到最大值，则其表达式如式（8-3）所示。

$$\varepsilon_{\theta\max} = \frac{t}{2\left(r + \dfrac{t}{2}\right)} = \frac{1}{1 + 2\dfrac{r}{t}} \tag{8-3}$$

由式（8-3）可知，开裂容易发生在板料的最外层，因此在分析材料的成形裕度时只需考虑最外层满足安全裕度即可。

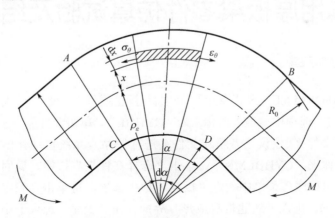

r—板料内侧弯曲半径；α—弯曲角；x—应变位置与应变中性层之间的距离；ρ_ε—应变中性层曲率半径；
ε_θ—切向应变；M—弯曲力矩

图 8-2　弯曲圆角应力分析

8.1.3　回弹

回弹是金属冲压加工中最常见的问题之一，是不可避免的应力释放问题。如何控制回弹是冲压加工中的一个非常重要的课题。

首先是参数要点。需要遵循一致性原则，全工序分析都需要选择 16 号全积分单元公式，厚向 7 个积分点，以保证回弹分析中能精确地捕捉应力分布。采用单步回弹，关闭网格粗化来提升回弹精度。

其次是约束点的选取。在回弹分析中，若没有约束，一个很小的载荷就会导致物体无限的刚体运动而不产生应力。所以回弹分析的时候，施加回弹约束的目的在于排除所有的刚体运动。约束在排除刚体运动的同时不会产生任何作用力来阻止部件的自由变形。约束刚体运动，理论上约束一个节点的三个平动、三个转动自由度就可以了，但是在 LS-DYNA 计算的时候，这样约束经常出现问题。所以采用另一个方法来约束刚体位移——适当地约束三个点的平动自由度来约束整个刚体位移。

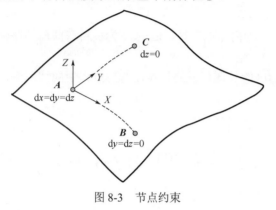

图 8-3　节点约束

如果不知道零件的回弹情况，可以考虑采用惯性释放来进行约束。阈值需要参考零件模态来计算，一般情况下可以考虑 0.05 以上的值来进行分析。如遇到计算报错，可尝试增大该值来获得计算结果。如果知道零件的回弹趋势，可以利用节点约束，选取零件回弹最小的区域来进行 3 节点约束。约束时尽量避开边界，避开细分节点，尽量成直角。具体约束可以参考图 8-3 所示。

8.2　车用厚板梁零件仿真试验及结果分析

8.2.1　初始设置

启动 DYNAFORM 6.0，选择菜单栏"项目/新建项目"命令，进入"新建项目"对话框，在"项目信息"选项中修改"名称"为 CYHBL，单击"目录"选项右侧的🖿按钮，选择保存文件的文件夹（建议读者新建文件夹进行保存），系统自动弹出"Select Direction"对话框。新建文件夹"CYHBLMN"，单击"选择文件夹"按钮，返回"新建项目"对话框，在"启动应用程序"菜单中勾选"板料成形"选项，再单击"确定"按钮，具体步骤1—3 如图 8-4 所示。进入"新建板料成形"界面，在"工序"选项卡中，单击"无压边成形"🔲按钮，再单击"➕"按钮，在当前工序中显示"OP10"工序已完成添加（或者鼠标指向无压边成形图标，按住鼠标左键）。

提示：由于导入模型为合模状态，不勾选"工具不在 home 位置"，单击"确定"按钮，具体步骤1—3 如图 8-5 所示。系统自动跳转进入"板料成形"无压边成形窗口，在"操作"选项卡中，单击"Analysis"选项，修改初始参数，具体步骤如图 8-6 所示：在"工具位移类型"选项中，"类型"选择"几何偏置"；"原始工具几何"选项中勾选"偏置的工具"按钮，其他参数保留缺省值。

图 8-4　新建项目窗口

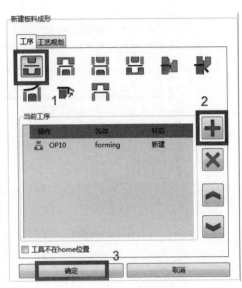

图 8-5　新建板料成形界面

单击菜单栏"几何"按钮，系统自动跳转进入"几何管理器"界面，单击"导入…"按钮，如图 8-7 所示，系统弹出"导入"窗口，将原始文件"punch.igs""die.igs""blank.igs"导入 DYNAFORM 6.0 中，在导入窗口中框选"punch.igs""die.igs""blank.igs"，单击"打开（O）"按钮，具体步骤 1—2 如图 8-8 所示，导入文件为曲面形式，曲面模型如图 8-9 所示，单击图 8-9"退出"按钮退出"几何管理器"界面，自动跳转返回到如图 8-6"板料成形"界面。

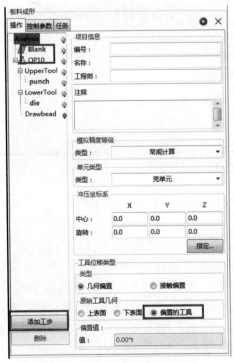

图 8-6　初始设置 Analysis 界面

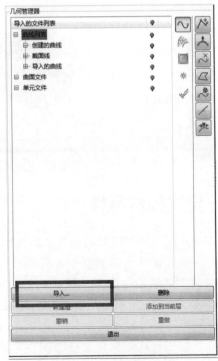

图 8-7　几何管理器界面

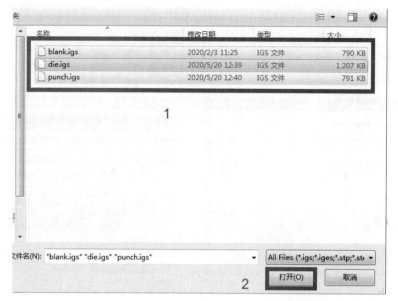

图 8-8　导入文件窗口

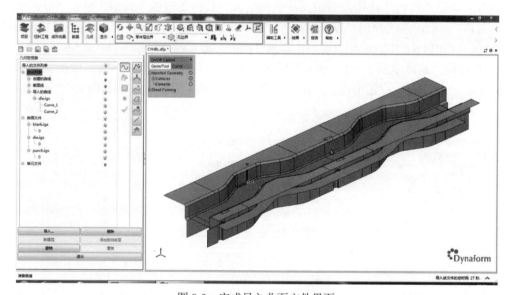

图 8-9　完成导入曲面文件界面

8.2.2　定义板料零件

在如图 8-6 所示的"板料成形"主界面中，选择"操作"选项卡，单击"Blank"选项，对板料进行定义，在"板料类型"选项中，"板料源"选择"一块坯料"；在"定义方式"中选择"曲面"，从曲面中添加板料，然后单击"添加板料…"按钮，具体步骤 1—3 如图 8-10 所示，系统自动进入"定义板料：Blank1"界面。在"定义板料：Blank1"界面中，单击"数据列表"—"曲面文件"选项中的"blank.igs"曲面文件，勾选"通过层选择"，单击"包括"按钮，此时板料呈现暗灰色，表示已定义好板料曲面，单击"退出"按钮退出"定义板料"界面，如图 8-11 所示，返回"板料成形"主界面。如图 8-12 所示，在"板料列表"选项中,对板料厚度进行定义:在"厚度"选项中将板料厚度改为3mm。再对材料进行定义:选择"材料"选项下的"undefined"按钮,系统自动弹出"材料库"对话框,在"库"选项的下拉菜单中选择"美国",选择材料库中"DP780(Barlat's 89)"材料模型,具体步骤1—3如图8-13所示。图8-13中的曲线分别为真实应力-应变曲线,Barlat's 89屈服面及成形极限曲线(FLC),单击"确定"按钮回到"板料成形"主界面。如后期需要对材料参数进行定义,返回"板料成形"主界面,如需更换材料,可点击"材料"选项的按钮返回"材料库"窗口。

在"网格"选项中,板料类型默认为坯料网格,单击板料类型右侧的"显示"按钮,零件以网格形式显示,将"网格尺寸"改为5mm,单击"应用"按钮,完成坯料网格的重新划分,如图8-14所示。选择"网格尺寸"右侧的"高级/自适应"按钮自动跳转进入"控制参数"选项卡,具体步骤1—2如图8-15所示,单击"编辑…"按钮,进入"网格编辑"界面,选择"边界显示🔲"按钮检查边界,板料边界轮廓线呈黑色高亮显示,具体步骤1—3如图8-16所示,表明板料网格的划分无缺陷,单击菜单栏"擦除高亮显示✏"按钮,单击"退出"按钮,返回如图8-15窗口。点击图8-15"隐藏"(图中"显示"按钮)按钮退出网格显示,完成网格定义及边界检查,单击图8-15"操作"选项卡回到定义板料"板料成形"界面,完成板料零件的定义,如图8-17所示。

图8-10　定义板料界面

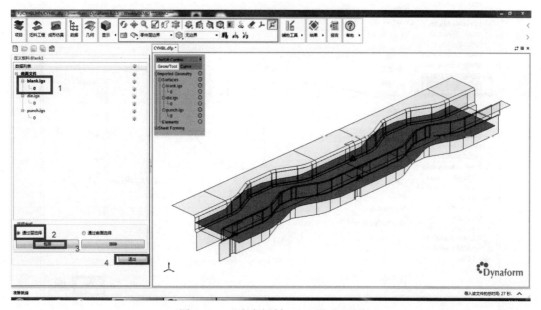

图8-11　"定义板料:Blank1"界面

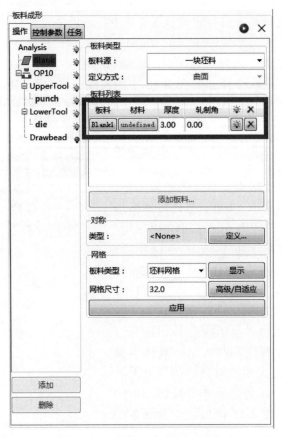

图 8-12　厚度及材料定义界面

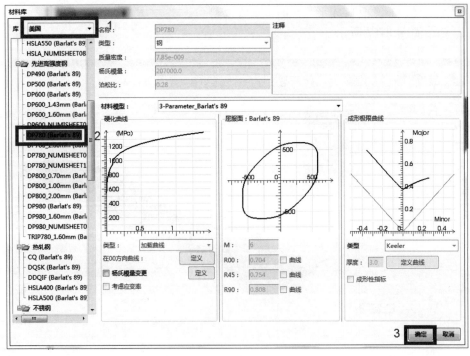

图 8-13　材料库界面

金属冲压成形仿真及应用
——基于 DYNAFORM

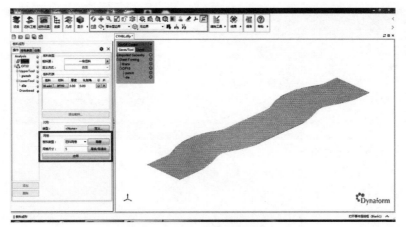

图 8-14　定义板料网格界面

图 8-15　板料参数控制界面

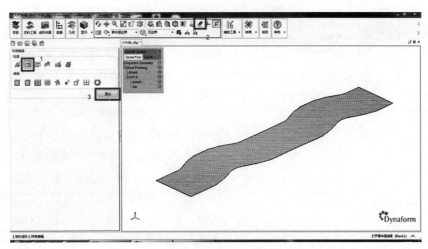

图 8-16　检查网格边界界面

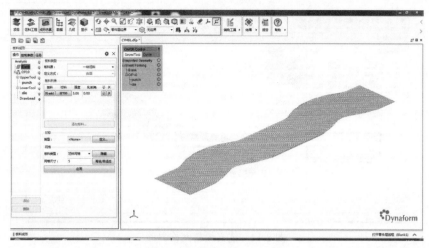

图 8-17　完成板料定义界面

8.2.3　定义工模具及运动

　　在如图 8-17 "操作"选项卡中，选择 "Analysis"选项 "punch"，对凸模进行定义，进入定义凸模界面，在 "工具位置"选项中选择 "板料上方"，在 "几何定义"选项中单击 "定义…"按钮，具体步骤 1—3 如图 8-18 所示，系统自动跳转进入 "定义工具：punch"界面，在 "数据列表"选项中选择 "punch.igs"文件，勾选 "通过层选择"，单击 "包括"按钮，凸模呈现暗灰色，具体步骤 1—4 如图 8-19 所示，单击 "退出"按钮退出 "定义工具：punch"界面，返回到 "板料成形"界面。在 DYNAFORM 6.0 中，系统对模具自动进行了网格划分，在 "几何定义"选项中，单击 "显示"按钮，凸模零件网格显示，单击 "编辑…"按钮，如图 8-20 所示，系统自动跳转进入 "网格编辑"界面。如图 8-21 所示，检查凸模网格边界及缺陷修补，在显示窗口中，左上角 "On/Off Control"选项关闭板料零件层，单击 "等轴视图◙"按钮显示凸模零件，选择 "边界显示▣"按钮检查边界，板料边界轮廓线呈黑色高亮显示，具体步骤 1—4 如图 8-21 所示，检查图 8-21 高亮的显示，凸模多了一块高亮的单元网格，单击 "编辑"选项 "删除单元▣"命令删除单元格，鼠标左击选中多余单元，单击 "应用"即可，再点击 "边界检查"命令，板料网格的划分无缺陷，单击菜单栏 "擦除高亮显示✏"按钮，单击 "退出"按钮，返回 "板料成形"窗口，单击 "显示"按钮显示凸模网格，其他参数保留缺省值，在显示窗口中，左上角 "On/Off Control"选项打开板料零件层，单击 "等轴视图◙"按钮显示凸模和板料零件层，如图 8-22 所示。

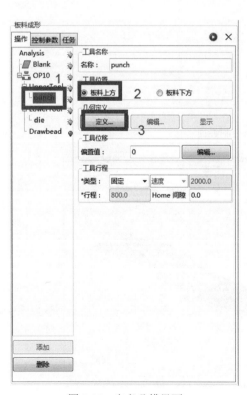

图 8-18　定义凸模界面

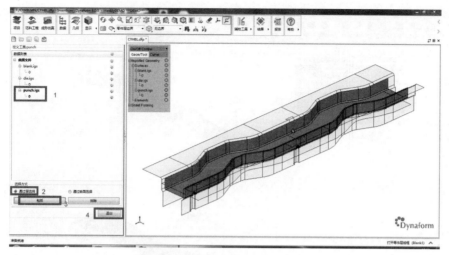

图 8-19　"定义工具：punch"界面

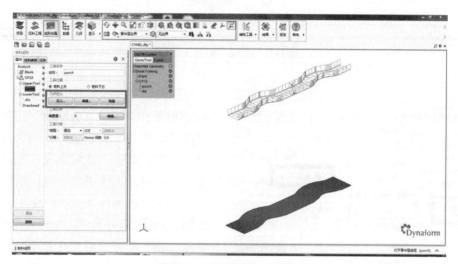

图 8-20　凸模几何定义界面

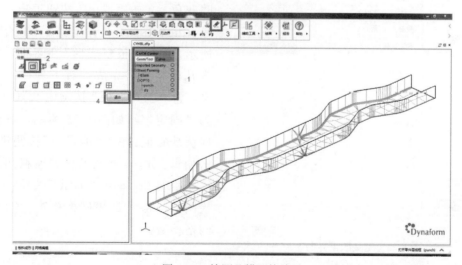

图 8-21　检测凸模网格边界

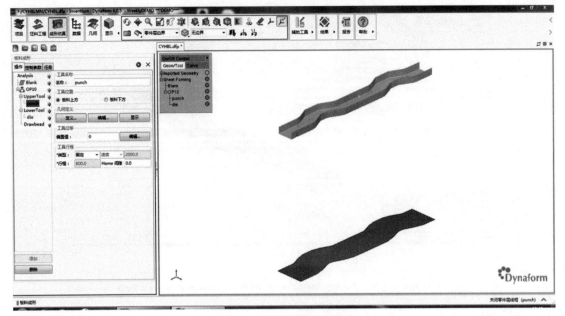

图 8-22　完成凸模定义界面

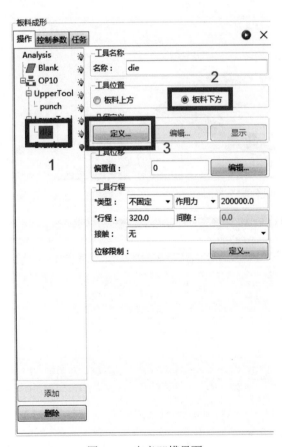

图 8-23　定义凹模界面

同理，对凹模零件进行定义，在如图 8-22 所示中，在"Analysis"选项中选择"die"，在"工具位置"选项中选择"板料下方"，单击"几何定义"选项中"定义…"按钮，具体步骤 1—3 如图 8-23 所示，系统自动跳转进入"定义工具：die"界面，在"数据列表"选项中选择"die.igs"文件，在"选择方式"选项中勾选"通过层选择"，单击"包括"按钮，凹模呈现暗灰色，单击"退出"按钮退出"定义工具：die"界面，具体步骤 1—4 如图 8-24 所示，返回"板料成形"主界面，此时凹模几何定义已完成。对工具行程进行定义，将"工具行程"选项中"类型"修改为"固定"，如图 8-25 所示，其他参数保留缺省值。单击"编辑…"按钮进入"网格编辑"界面，可检查凹模网格边界并进行缺陷修补，单击"显示"按钮可显示凹模网格，参考凸模网格检查对凹模进行网格检查。

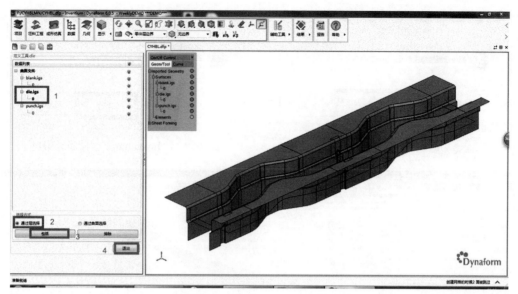

图 8-24 "定义工具：die"窗口

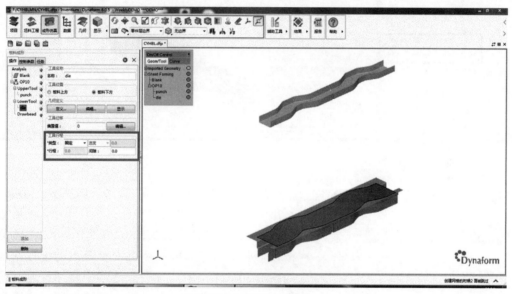

图 8-25 凹模工具行程定义

对工模具控制参数设置，单击"控制参数"选项卡，在"Analysis"选项中选择"OP10"选项，在"板料属性"选项中"单元公式"选择"16 FULLY INTERGRATED"，"积分点数目"修改为7，即积分单元为16号7点积分单元，勾选"重划分网格"选项，在"重划分网格"选项里对自适应网格重新修改，单击"最小单元尺寸"右侧"⚙"按钮，在弹出的"Inventium"窗口提示"是否接受自适应单元大小<0.6>？"，单击"是（Y）"按钮，如图8-26所示。在"基本参数"选项中，单击"时间步长"右侧⚙按钮，在弹出"Inventium"窗口提示"是否接受时间步长<-1.15e-008>？"，单击"是（Y）"按钮，如图8-27所示。在"工具接触"选项中，修改摩擦系数，在"类型"中修改为"Steel High"，此时摩擦系数为0.17，其他参数保留缺省值，完成控制参数定义，具体步骤1—4如图8-28所示。

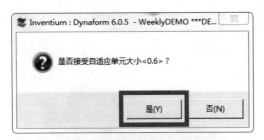

图 8-26　"Inventium"自适应网格提示窗口

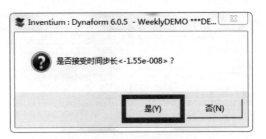

图 8-27　"Inventium"时间步长窗口

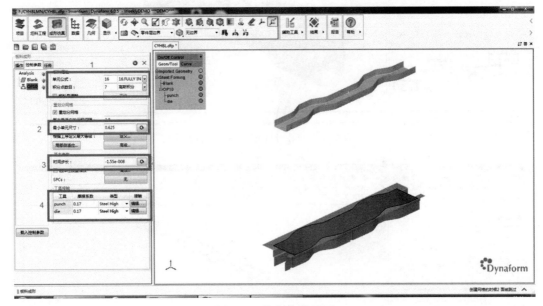

图 8-28　控制参数界面

图 8-29　任务选项卡界面

如图 8-28 所示，单击"任务"选项卡，勾选"仅写出输入文件"和"减少冲压行程"选项，对运动过程进行预览，具体步骤如图 8-29 所示，单击"预览"按钮，进入"工艺/动画"界面对模具运动过程预览，如图 8-30 所示，在"步骤"选项中将冲压速度设置为 2000，观察运动曲线，单击预览按钮观察模具运动过程。单击"当前工步"中"退出"按钮，退出预览，返回"板料成形/任务"界面，单击"提交任务"按钮，保存提交任务，弹出"Inventium"提示框"是否保存模型？"，单击"是（Y）"按钮保存任务，完成前处理定义，如图 8-31 所示，弹出"Inventium"对话框显示"The ls-dyna input file is written"，单击"确定"按钮，如图 8-32 所示。将"仅写出文件"勾选取消，单击图 8-29"提交任务"按钮提交求解器进行运算。

金属冲压成形仿真及应用
——基于 DYNAFORM

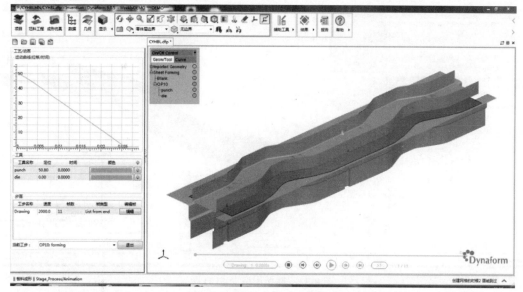

图 8-30　动画预览界面

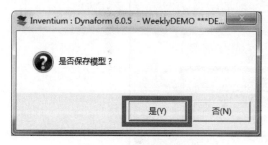

图 8-31　保存模型提示框

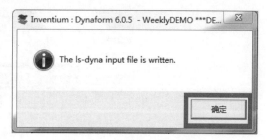

图 8-32　输出文件提示框

8.2.4　模拟结果分析

单击菜单栏"项目"/"打开项目"按钮，弹出打开对话框，选择"OP10.d3plot"，单击打开按钮，打开后处理文件，在显示窗口中，只显示"Blank"零件层，在菜单栏"结果 "选项中，单击"成形极限图" 按钮，观察最后一步成形极限图，具体步骤 1—3 如图 8-33 所示，成形极限图显示成形结果无开裂缺陷，在拐角处外侧存在起皱现象。

观察零件端部的剖切截面，在如图 8-34（b）所示的菜单栏，选择"单元边界"显示，在"结果"选项中，单击"截面线 "按钮，在截面线位置界面中，单击"定义剖切面"按钮，如图 8-34（a）所示，系统自动切换到定义剖切面，在显示窗口中选择零件端部的"w"轴两点，单击"W 方向沿+X 轴"按钮，单击"关闭"按钮，如图 8-34（b）所示，返回"截面线"窗口，再单击"应用"按钮，观察到截面显示，单击"结果"选项"变形"按钮，调整好显示位置，如图 8-34（c）。如图 8-34 所示零件成形性差，成形不充分，拐角处起皱严重且底部伴随翘曲，需要进一步优化。

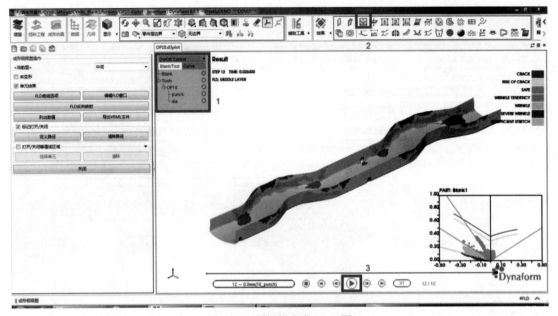

图 8-33　厚板梁弯曲 FLD 图

截面线

显示

仅截面

截面线位置

☑ 固定　　　　　☐ 移动

定义剖切面

清除截面线

法向视图

截面剖切选项

截面曲线

剖切面操作

☑ 转换　　　　　☐ 旋转

鼠标拖动截面

| 从 | 0.0 | |
| 到 | 0.0 | |

帧数　　　　　10

| 保存 | 载入 |
| 应用 | 关闭 |

（a）定义剖切面设置

金属冲压成形仿真及应用
——基于 DYNAFORM

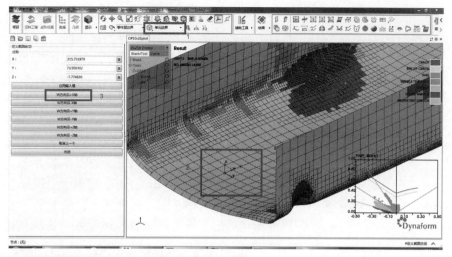

（b）定义坐标系

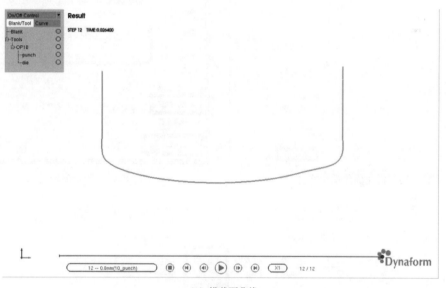

（c）横截面曲线

图 8-34　设置及观察成形截面

8.3　车用厚板梁零件仿真优化试验及结果分析

8.3.1　优化模具结构及初始设置

　　针对车用厚板梁零件弯曲成形中存在的翘曲、回弹严重、起皱和成形不足等缺陷，本节通过在凹模上放加压料板 pad 零件进行校正，校正弯曲示意图如图 8-35 所示。此外，调整工艺参数以达到优化结果。

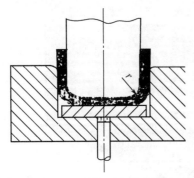

图 8-35　校正弯曲示意图

启动 DYNAFORM 6.0，选择菜单栏"项目/新建项目"命令，进入"新建项目"对话框，在"项目信息"选项中修改"项目名称"为"CYHBLYH"，单击"目录"选项右侧的▣按钮，弹出"Select Directory"对话框，在"CYHBLMN"文件夹中新建文件夹命名为"opti"，单击"选择文件夹"按钮，如图 8-36 所示。返回"新建项目"对话框，在"启动应用程序"选项中勾选"板料成形"按钮，单击"确定"按钮，如图 8-37 所示，进入"新建板料成形"窗口，在"工序"选项卡中选择"双动🖫"按钮，按住鼠标左键，拖曳到"当前工序"选项栏中，单击"确定"按钮，如图 8-38 所示，完成初始设置。

图 8-36　新建优化保存文件夹

图 8-37　新建项目窗口

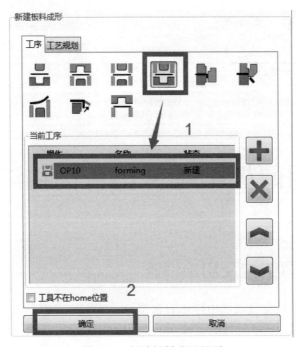

图 8-38　新建板料成形界面

金属冲压成形仿真及应用
——基于 DYNAFORM

8.3.2 重新定义板料及凸、凹模

参考 8.2.1 节中导入"die.igs""punch.igs"和"blank.igs"的几何曲面模型；参考 8.2.1 节在"Analysis"选项中对工具位移类型、对偏置进行定义；参考 8.2.2 节对板料零件"Blank"进行定义，定义好的零件如图 8-39 所示。

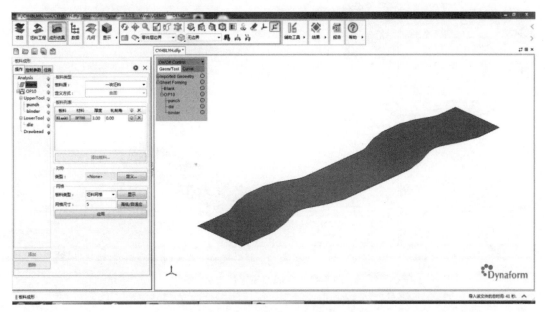

图 8-39　完成板料零件定义

参考 8.2.3 节对凸模零件"punch"进行定义，在定义"工具行程"时，"类型"选择"固定"，"Home Gap"间隙值保留缺省值，定义好的"punch"零件，如图 8-40 所示。

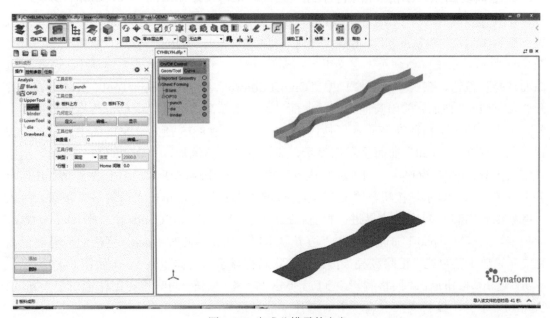

图 8-40　完成凸模零件定义

参考 8.2.3 节对凹模零件"die"进行定义，定义"工具行程"时"类型"选择"固定"，其他参数保留缺省值，定义好的"die"零件如图 8-41 所示。

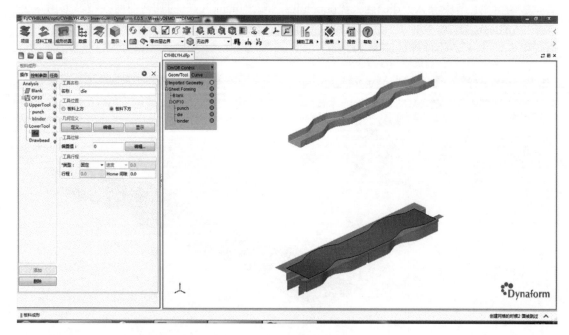

图 8-41　完成凹模零件定义

8.3.3　定义 pad 零件

进入"板料成形"窗口，选择"binder"选项，单击"删除"按钮，将压边圈零件删除，如图 8-42 所示。单击"Lower Tool"选项，单击"添加下部工具"按钮，新建下模零件，具体步骤 1—2，如图 8-43 所示。在"工具名称"重命名为"pad"，在"工具位置"选项中勾选"板料下方"，单击"几何定义"选项下的"定义..."按钮，具体步骤 1—4 如图 8-44 所示。系统自动进入"定义工具：pad"窗口，在"选择方式"选项中勾选"通过曲面选择"按钮，在工作显示窗口中"On/off Control"选择"Geom/Tool"选项卡，只打开"punch.igs"曲面，关闭其他导入的曲面，鼠标光标在显示窗口中单击凸模底部曲面部分，选中后曲面呈白色高亮显示，具体步骤 1—5 如图 8-45 所示。单击图中"包括"按钮，此时选择的"pad"曲面呈灰色显示，完成 pad 零件添加，单击"退出"按钮，退出"定义工具：pad"窗口。返回"板料成形"窗口，如图 8-46 所示。单击图 8-46"几何定义"选项中的"显示"按钮，"pad"零件以网格形式显示，单击"编辑…"按钮，进入"网格编辑"窗口，对网格边界进行检查，在工作窗口中"On/off Control"选择"Geom/Tool"选项卡，只打开"pad"曲面，单击"边界显示　"按钮，此时"pad"网格边界呈黑色高亮显示，单击菜单栏"清除高亮"按钮，擦除高亮显示，具体步骤 1—4 如图 8-47 所示，单击"退出"按钮退出"网格编辑"窗口。单击"隐藏"按钮，同时将在工作窗口中"On/off Control"中的"板料成形"选项中的零件全部显示。

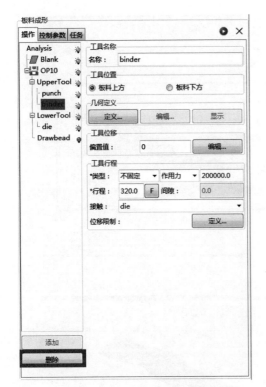

图 8-42 删除 "binder" 零件层

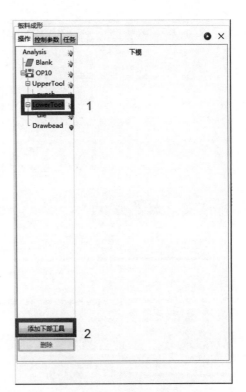

图 8-43 添加下部工具

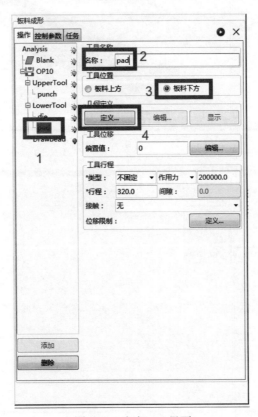

图 8-44 定义 pad 界面

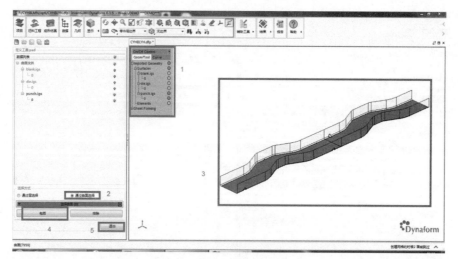

图 8-45　"定义工具：pad"界面

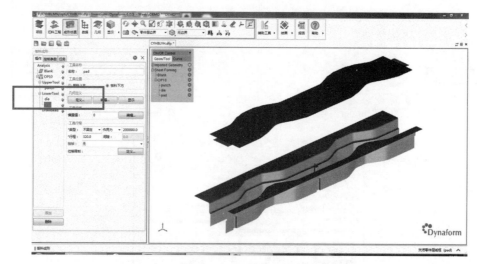

图 8-46　pad 零件几何定义

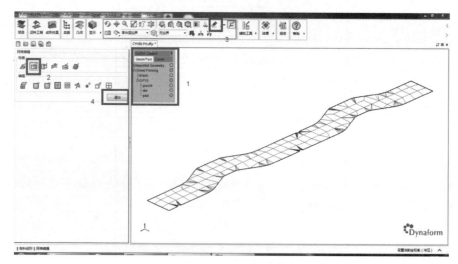

图 8-47　pad 网格编辑

金属冲压成形仿真及应用
——基于 DYNAFORM

定义压料板"pad"零件工模具运动：在"工具行程"选项中，"类型"选择"不固定"，采用速度对凸模进行控制，从下拉菜单中选择"速度"，"行程"修改为45，"间隙"选项中间隙值数值改为"3.3"，"接触"选项下拉菜单中选择"punch"零件，即凸模和"pad"间隙为3.3mm，定义好的"pad"零件如图8-48所示。

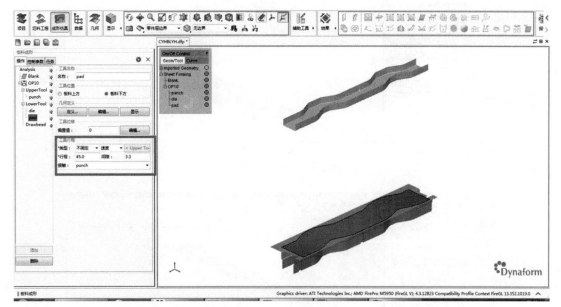

图8-48　完成工具pad定义

8.3.4　成形控制设置

单击如图8-48所示的"板料成形"窗口的"控制参数"选项卡，参考8.2.3节中"控制参数"设置，选择"OP10"选项，对成形参数进行定义。在"板料属性"选项中"单元公式"选择"16 FULLY INTERGRATED"；同时"积分点数目"修改为7，即积分单元为16号7点积分单元，勾选"重划分网格"选项，对自适应网格进行定义；单击"最小单元尺寸"右侧的"⊙"按钮；在"基本参数"选项中，单击"时间步长"右侧"⊙"按钮；在"工具接触"选项中，优化后的"摩擦系数"选项修改为0.15，完成"OP10"的试验控制参数定义，具体步骤1—4如图8-49所示。

单击如图8-49所示的"任务"选项卡，勾选"减少冲压行程"选项，具体步骤1—2，如图8-50所示，单击图8-50中"预览"按钮，对成形过程进行预览，运动控制窗口"板料成形"自动跳转"工艺/动画"窗口，在图形显示窗口中模型如图8-51所示，单击显示窗口⊙按钮，成形过程为"punch"往下运动压压料板"pad"，然后"punch"与"pad"同时往下运动，完成冲压过程。图8-51中："运动曲线（位移/时间）"中的曲线为位移随着时间的运动曲面；"步骤"选项中，缺省速度为2000，单击图8-51"退出"按钮退出"工艺/动画"窗口，返回到图8-50中的"板料成形"/"任务"窗口，单击"板料成形"按钮，勾选图8-50"仅写出输入文件"按钮，将任务Ls-dyna文件以"dyn"格式保存，完成优化后成形前处理设置，弹出两次"Inventium"对话框，依次单击"确定""是"按钮，参考8.2.3节设置。

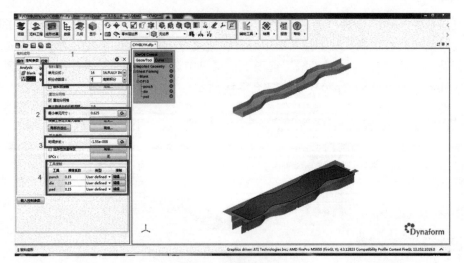

图 8-49 控制参数定义

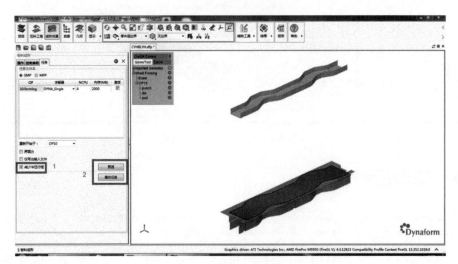

图 8-50 "板料成形"任务选项卡

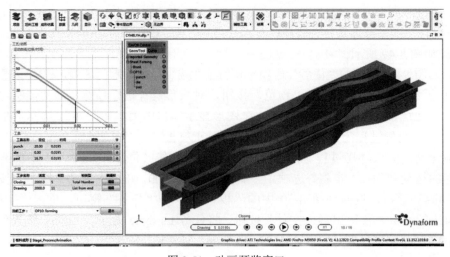

图 8-51 动画预览窗口

金属冲压成形仿真及应用
——基于 DYNAFORM

8.3.5　提交求解器求解及后处理

参考 8.2.3 节，将生成的"OP10.dyn"文件提交到求解器进行求解，优化后运行求解得到结果，试验获得的 FLD，如图 8-52（a）所示，优化后的零件无开裂缺陷，参考 8.2.4 节截取相同部位的截面线，如图 8-52（b）所示，优化后底部翘曲得到消除，零件的成形性质量良好。

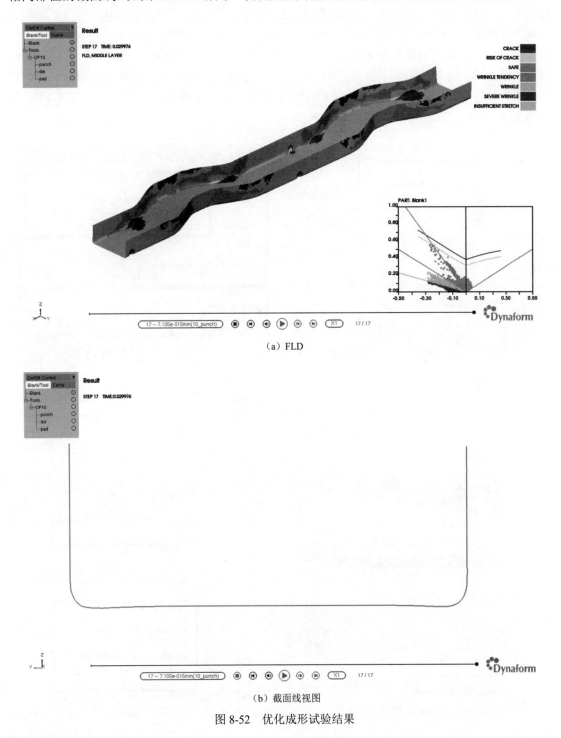

（a）FLD

（b）截面线视图

图 8-52　优化成形试验结果

8.3.6 回弹设置

启动 DYNAFORM 6.0，单击菜单栏"项目"按钮，在下拉菜单中单击"新建项目"命令，弹出"新建项目"对话框，修改"项目名称"为"CYHBLHT"，在"目录"选项中单击🗀命令，打开"Select Directory"对话框，新建文件夹命名为"HT"，单击"选择文件夹"按钮返回"新建项目"对话框，具体步骤 1—2 如图 8-53 所示。在"启动应用程序"选项中，勾选"板料成形"按钮，单击"确定"按钮，具体步骤 1—3 如图 8-54 所示，进入"新建板料成形"窗口，单击"回弹" 🖼️ 按钮，再单击➕按钮，在"当前工序"中显示"回弹"已添加进来，单击"确定"按钮完成定义回弹命令，具体步骤 1—3 如图 8-55 所示，进入回弹"板料成形"设置窗口，在"Analysis"选项中设置单元类型及工具位移类型，具体步骤 1—3 如图 8-56 所示。

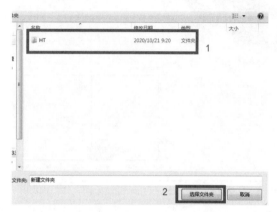

图 8-53　"Select Directory"对话框

图 8-54　"新建项目"界面

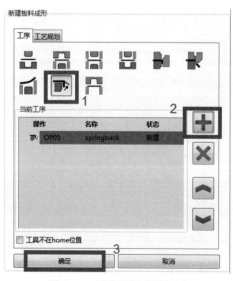

图 8-55　新建板料成形界面

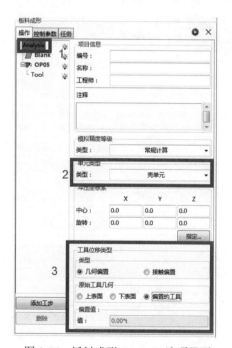

图 8-56　板料成形 Analysis 选项界面

金属冲压成形仿真及应用
——基于 DYNAFORM

回弹根据优化后成形的结果文件导入进行设置，本节采用自由回弹进行设置，单击如图 8-56 所示的"Analysis"选项菜单中"Blank"，对"Blank"进行定义，在"板料类型"选项中，单击"定义方式"下拉菜单选择"结果文件"，单击"添加板料..."按钮，具体步骤 1—3 如图 8-57 所示，系统自动跳转"几何管理器"窗口，单击"导入…"按钮，导入"dynain"结果文件，弹出"Import"对话框，选择优化后的"dynain"文件，单击"打开"按钮，将结果文件导入 DYNAFORM 6.0，单击如图 8-58 中"退出"按钮，系统自动跳转到"定义板料：Blank1"窗口，在"选择方式"选项中，勾选"通过层选择"选项，鼠标左键单击图像显示窗口的零件，成形零件呈白色高亮显示，单击"包括"按钮，将文件设置为板料零件，此时成形零件呈灰色显示，单击"退出"按钮返回"板料成形"窗口。如图 8-59 所示，修改"厚度"数值为 3.0，即修改零件厚度为 3 mm，单击"板料列表"选项中"材料"选项的"undefined"按钮，定义板料的材料，弹出 "材料库"对话框，选择材料库中"DP780"材料，单击 OK 按钮，参考 8.2.2 节对板料材料定义，返回"板料成形"窗口，定义好的板料零件，如图 8-59 所示。

图 8-57　定义板料界面

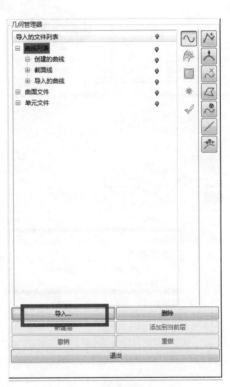

图 8-58　几何管理器界面

单击如图 8-59 所示"OP05"选项，进行回弹设置，在"约束"选项中勾选选项"自由回弹"命令，在"自由回弹"选项中默认"惯性释放"命令，完成定义，其他参数保留缺省值，如图 8-60 所示。对回弹参数进行设置，选择"控制参数"选项卡，在"Analysis"选项中选择 "OP05"，在"材料属性"选项中"单元公式"下拉菜单中选择"16 FULLY INTEGRATED"，即 16 号积分单元；积分选择高斯积分（Gauss Integration），"积分点数目"改为 7，其他参数保留缺省值如图 8-61 所示。

单击如图 8-62 "任务"选项卡，同时勾选"减少冲压行程"，单击"提交任务"按钮，具体步骤 1—2 如图 8-62 所示。弹出"Inventium"对话框保存当前模型，单击"是（Y）"按钮，如图 8-63，此时文件以"dfp"文件保存，文件自动提交求解器运算。

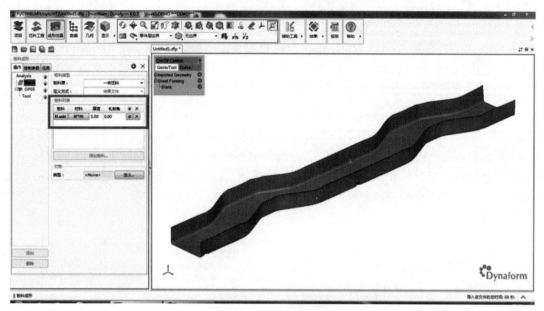

图 8-59　完成板料定义

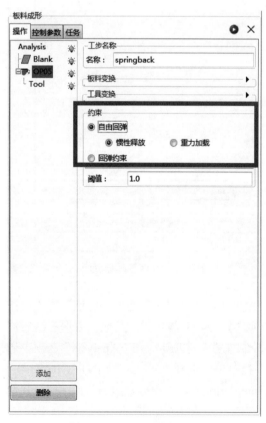

图 8-60　OP05 约束界面

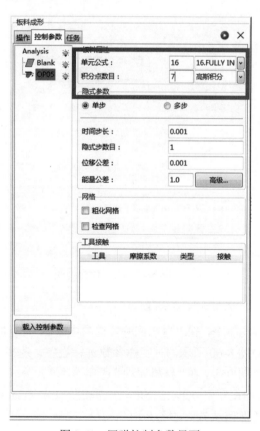

图 8-61　回弹控制参数界面

　金属冲压成形仿真及应用
　　——基于 DYNAFORM

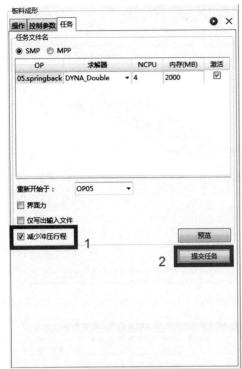

图 8-62　任务提交界面

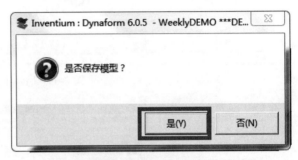

图 8-63　保留模型提示窗口

8.3.7　优化后回弹结果分析

求解完成后，重新启动 DYNAFORM 6.0，单击"项目"按钮，从下拉菜单中选择"打开项目选项"，弹出"打开"对话框，找到文件自动保存位置保存的"springback"文件夹，

选择"OP05.d3plot"文件，单击"打开"按钮，具体步骤 1—2 如图 8-64 所示。导入后处理文件后，单击"变形 "按钮，由于采用一步法求解，回弹计算结果只有两帧显示，即回弹前和回弹后，显示第二帧回弹后结果，在菜单栏"结果"选项中，单击"回弹距离"按钮，在左侧的回弹距离界面中，距离选项选择"法向距离"，选择第 2 帧，单击"计算回弹"按钮，厚板梁回弹的法向距离以云图显示，具体步骤 1—4 如图 8-65 所示。

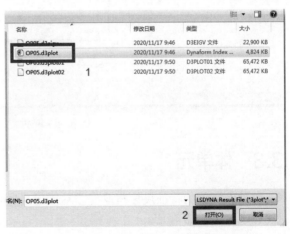

图 8-64　打开回弹后处理

参考 8.2.4 节截取相同部位的截面线，测量截面角度，单击菜单栏"辅助工具"按钮，在辅助工具选项中选择"角度"按钮，选择截面的四点，进行回弹角度的测量，具体步骤 1—3 如图 8-66 所示。

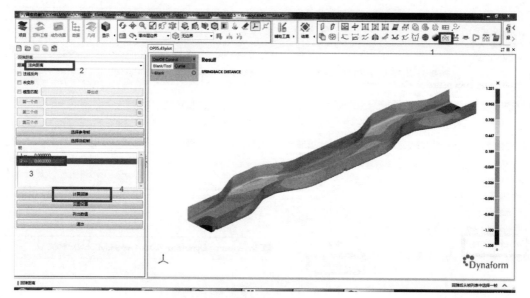

图 8-65　回弹距离显示

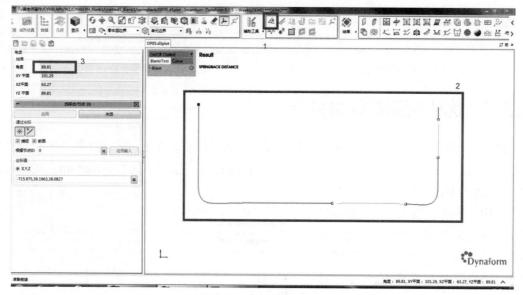

图 8-66　测量回弹角度

8.3.8　体单元

当零件有局部的特征尺寸与厚度非常接近，甚至小于厚度时，壳单元的假设就不太合适，这时可以考虑使用体单元。

DYNAFORM 目前支持 6 面体单元，也就是立方体。需要注意的是，体单元暂时不支持自适应细分，所以需要根据零件的几何尺寸考虑多大的立方体可以充足表现，在初始状态就使用合适的单元大小。

单元数量不足，结果精度不够，但也不是越多越好。一般情况下，根据厚度可以将体单元分为 7 层、5 层或 3 层的不同层。7 层是比较推荐的层数。比如厚度为 7mm 的板料，可以采用 1mm 见方的立方体，5 层、3 层以此类推。但是 7 层效率较低，而且网格数量较大，需要比较高的机器配置，一般情况下 5 层即可，尽量不要少于 3 层。

单元公式可以考虑 1，单点积分，对于弯曲载荷，因为厚度方向至少 3 层单元，也能够应对。

参照国标 GB/T 15574—2016《钢产品分类》规定将板带钢粗分为薄板（小于 3mm）和厚板（不小于 3mm），针对 3mm 的厚板梁成形，读者也可采用体单元进行设置。

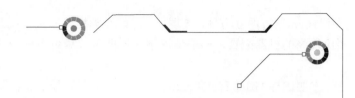

第9章
电机盖板件多工序冲压
成形仿真试验及分析

本章主要针对某重型机械车辆的电机盖板零件进行相应的拉深成形仿真试验及工艺参数优化。

9.1 电机盖板件特性分析及工艺简介

该盖板件是某重型机械车辆中电机部分用到的覆盖件，尺寸大，拉深浅，部分圆角处成形困难，要求具有良好的成形性能和较高的表面质量，同时对于回弹量也有具体的要求。工艺大致可分为拉深、修边两部分。最终的零件质量由回弹结果来描述。反映到仿真分析中，可从重力加载开始，经历重力分析、拉深分析、修边分析、回弹分析四部分，完整地模拟板料的塑性变形过程。同时根据回弹量来反向评估模面质量、工艺设计以及加工精度等多因素的合理水平。

本章分析受力从重力加载开始，完整的完成该零件的仿真分析及优化过程，为多工步冲压仿真提供参考。如图 9-1 所示，为零件拉深步上模参考面。

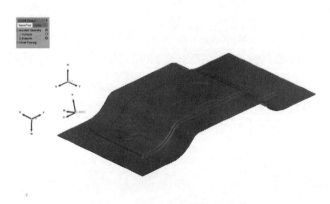

图 9-1　拉深工步上模的参考面

9.2 电机盖板件拉深仿真试验及结果分析

9.2.1 新建项目

启动 DYNAFORM 6.0 后，选择菜单栏"项目"命令，出现如图 9-2 所示的新建项目界面，具体步骤 1—2 在该界面中单击"新建项目"。系统会自动跳出项目信息界面，具体步骤 1—4 如图 9-3 所示。可以为该项目命名为"DJGB"，同时修改存储路径。选定"板料成形"，再点击"确定"按钮。系统会进入"新建板料成形"界面，如图 9-4 所示。按照图 9-4 中具体步骤 1—3，依次选择按钮，即可完成项目新建，进入具体的分析界面。

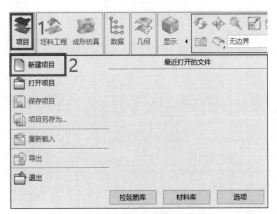

图 9-2 新建项目界面　　　　　　　　　　图 9-3 项目信息界面

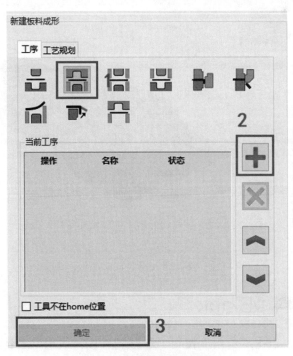

图 9-4 新建板料成形界面

9.2.2 导入模型文件

选择菜单栏"几何"命令，依次按照图片所示选择"导入…"，选择配套文件夹中的文件"die"并点击"打开（O）"完成模型导入。该型面为上模面，即零件上表面，流程如图 9-5 中具体步骤 1—3 所示，导入模型的显示结果，如图 9-6 所示。

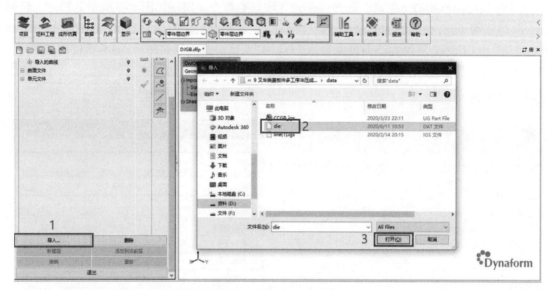

图 9-5　模型导入对话框

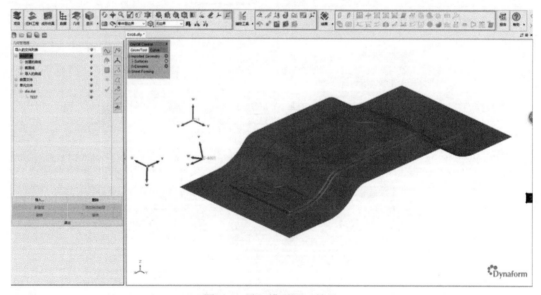

图 9-6　导入模型显示效果

9.2.3 定义板料"Blank"

模型零件导入后，点击"退出"按钮，退回到"板料成形"对话框界面，点击红色的"Blank"按钮，进入图 9-7 中具体步骤 1—4 所示的板料定义对话框的界面。这里定义方式选为"坯料轮廓线",点击"定义轮廓线…"按钮,进入"板料轮廓线生成器"对话框,如图 9-8 所示,点击"添加…"按钮,进入"曲线管理器"对话框,点击"导入"按钮导入选定的曲线文件"DJGB_BLANK.igs",在"曲线管理器"对话中选定导入文件,如图 9-9 所示,按钮退回到"板料轮廓线生成器"对话框,再点击"退出"按钮退回到"板料成形"对话框界面,如图 9-10 所示。接下来点击"板料列表"对话框中的"材料"选项卡进入图 9-11 的材料库界面,这里选择"DC05"材料,材料模型为默认的"3-Parameter_Barlat's 89",在"成形极限曲线"中勾选"成形性指标",点击"确定"选项卡完成板料的设置,返回至主界面,点击"厚度"设置板料厚度为 1mm,"网格尺寸"设置为 8,如图 9-12 所示。点击"显示"按钮可以查看板料网格划分情况,如图 9-13,点击"应用"完成厚度及网格划分设置,其他保持系统默认设置。

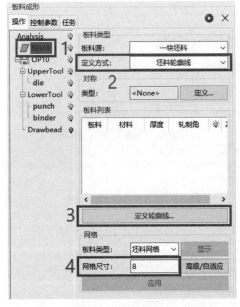

图 9-7 定义板料

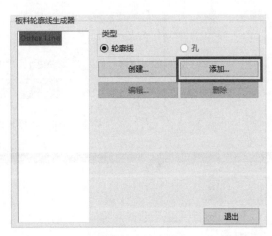

图 9-8 "板料轮廓线生成器"对话框

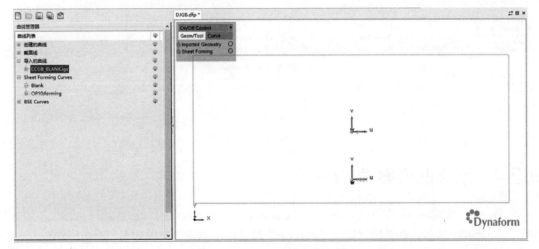

图 9-9 定义板料零件"Blank"

图 9-10　"板料成形"对话框

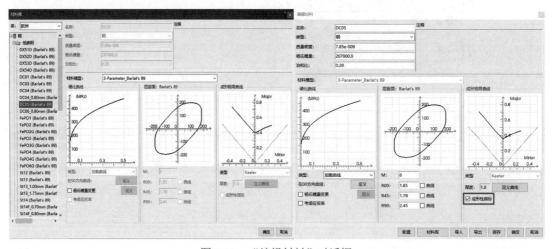

图 9-11　"编辑材料"对话框

9.2.4　定义凹模零件"die"

在图 9-12 的"板料成形"对话框中点击"Upper Tool"选项卡中的"die"按钮，点击"定义…"按钮，如图 9-14 所示，即弹出"定义工具：die"对话框，点击"数据列表"下面的"die"，依次点击"包括""退出"按钮，即完成凹模零件"die"的定义，退回到图 9-14 的主界面。

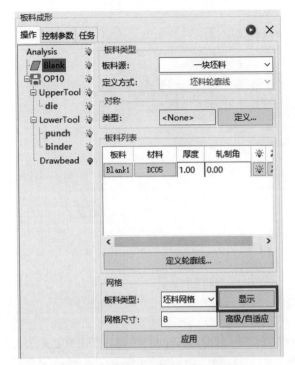

图 9-12　设置板料厚度及网格大小

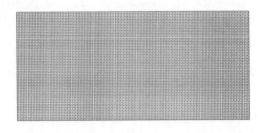

图 9-13　"Blank" 网格划分图

　　点击 "die" 选项卡中的 "编辑…" 按钮，对凹模进行网格检查，在主界面左上角 "Geom/Tool"中点击小绿点 "Blank" 按钮，关闭 "Blank"，打开 "die"，点击 "边界显示" 按钮可以看到凹模周围一圈黑线，具体步骤 1—2 如图 9-15 所示，点击 "显示" 菜单栏中 "清除高亮显示" 可以擦除边界线。

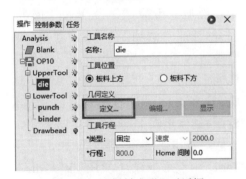

图 9-14　"板料成形" 对话框

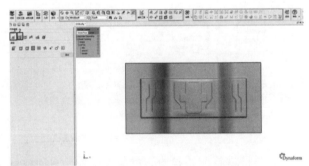

图 9-15　对零件 "die" 进行边界检查

　　点击 "网格编辑" 中的 "平面法向" 按钮，弹出如图 9-16 中所示的对话框，具体步骤 1—2，选择凸模零件 "die" 凸缘面，点击 "反向" 按钮可以调整法线的方向（法线方向的设置总是指向工具与坯料的接触面方向）。点击 "关闭" 按钮完成网格法线方向的检查。点击 "退出" 按钮退出 "网格编辑" 对话框。

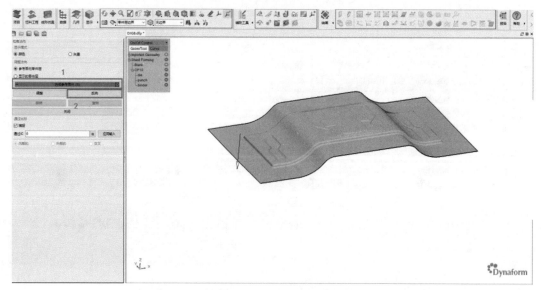

图9-16 对零件"die"进行网格法线方向检查

9.2.5 定义凸模零件"punch"

在"板料成形"对话框中点击"Lower Tool"选项卡中的"punch"按钮,点击"定义…"

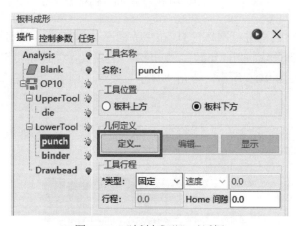

图9-17 "板料成形"对话框

按钮,如图9-17所示,即弹出"定义工具: punch"对话框,点击"数据列表"下面的"die",依次点击"包括""退出"按钮,即完成凸模零件"punch"的定义,退回到图9-17的主界面。点击"punch"选项卡中的"编辑…"按钮,然后点击 □"删除单元"按钮,展开"删除"选项卡,勾选"扩展"调整数值为5后,点击"punch"零件压边面上的任意一点即可选中整个压边面,再点击"应用"按钮删除多余的压边面,具体步骤1—2如图9-18所示,完成后点击"关闭"按钮退出。

对凸模进行网格检查,在主界面左上角"Geom/Tool"中点击小绿点 "Blank""die"按钮,关闭"Blank"与"die",点击 □"边界显示"按钮可以看到凹模周围一圈黑线,如图9-19所示。

点击"网格编辑"中的 ✍"平面法向"按钮,选择零件"punch"表面,弹出如图9-20所示的对话框,按具体步骤1—2进行操作。点击"反向"按钮确定法线的方向(法线方向的设置总是指向工具与坯料的接触面方向)。点击"关闭"按钮完成网格法线方向的检查。点击"退出"按钮退出"网格编辑"对话框。

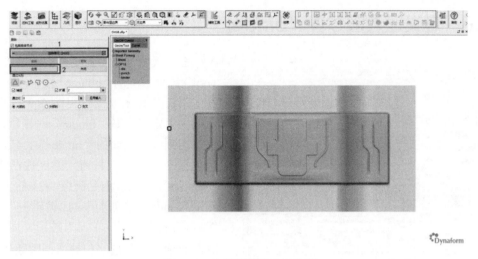

图 9-18　凸模删除多余压边面

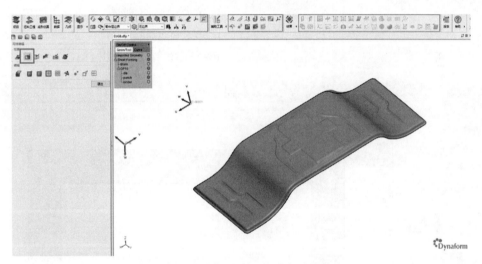

图 9-19　对零件"punch"进行边界检查

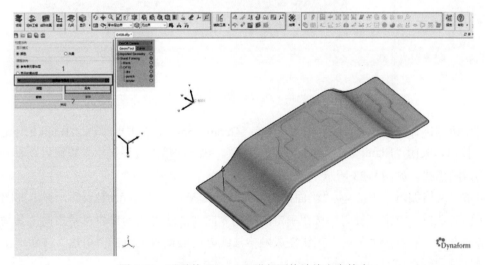

图 9-20　对零件"punch"进行网格法线方向检查

9.2.6　定义压边圈零件"binder"

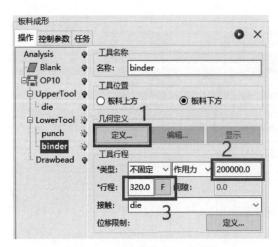

图 9-21　"板料成形"对话框

在"板料成形"对话框中点击"Lower Tool"选项卡中的"binder"按钮，点击"定义…"按钮，具体步骤1—3如图9-21所示。即弹出"定义工具：binder"对话框，点击"数据列表"下面的"binder"，依次点击"包括""退出"按钮，即完成凸模零件"binder"的定义，退回到图9-21的主界面。点击"binder"选项卡中的"编辑…"按钮，然后点击 □ "删除单元"按钮，展开"删除"选项卡，勾选"扩展"调整数值为 10 后，点击"binder"零件型面上的任意一点即可选中整个型面，再点击"应用"按钮删除多余的型面，如图 9-22 所示，完成后点击"关闭"按钮退出。

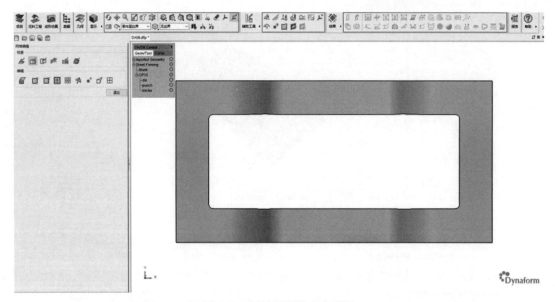

图 9-22　压边圈删除多余型面

对压边圈进行网格检查，在主界面左上角"Geom/Tool"中点击小绿点 "Blank""punch""die"按钮，关闭"Blank"、"punch"与"die"，点击 边界显示"按钮可以看到压边圈周围两圈黑线，如图 9-23 所示。

点击"网格编辑"中的 "平面法向"按钮，选择零件"binder"表面，弹出如图 9-24 中所示的对话框，点击"反向"按钮确定法线的方向（法线方向的设置总是指向工具与坯料的接触面方向）。点击"关闭"按钮完成网格法线方向的检查。点击"退出"按钮退出"网格编辑"对话框。

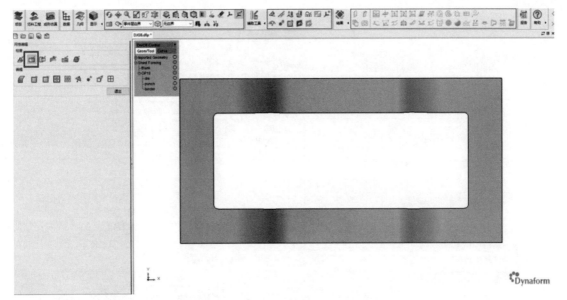

图 9-23　对零件"binder"进行边界检查

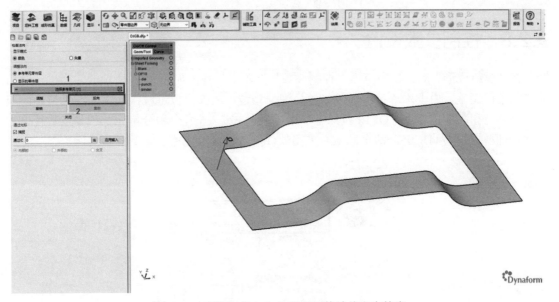

图 9-24　对零件"binder"进行网格法线方向检查

9.2.7　工模具拉深工艺参数设置

在"板料成形"对话框中点击"binder"选项卡，进行压边力设置，选择"类型"一栏中的"作用力"选项，默认数值。

压边圈行程通过点击右侧的"F"按钮进行自动调节，再点击"OP10"，在右侧界面中勾选"重力加载"，这是由于此零件尺寸较大，故需要考虑重力变形。成形运动参数中的冲压速度设为 2000mm/s，其他采用系统默认值，拉深工艺参数设置如图 9-25 所示。

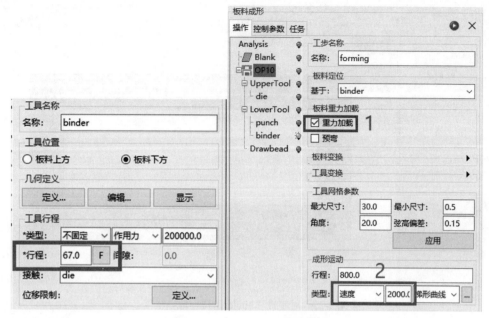

图 9-25　拉深工艺参数设置

9.2.8　控制参数设置

在"板料成形"对话框中点击"控制参数"选项卡，弹出如图 9-26 所示的对话框，对相关参数进行调整，由于本章零件同时包含拉深、修边、回弹模拟过程，为保证结果精确，统一积分单元和高斯积分点，OP10 拉深工步中单元公式选 16 号全积分单元，积分点数目设为 7。由于板料材质为 DC05，故全部工具采用软件默认值标准钢摩擦系数 0.125。

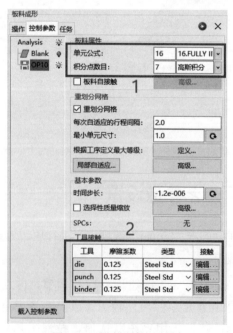

图 9-26　控制参数对话框

9.2.9　工模具运动的动画模拟演示

在"板料成形"对话框中点击右边小三角形 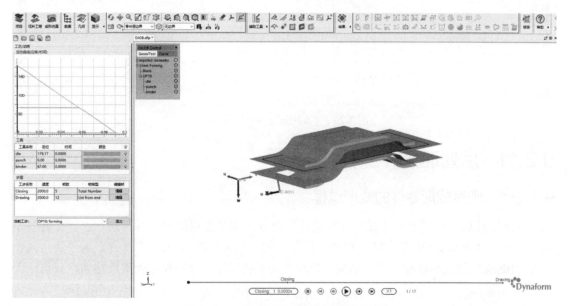"动画"命令，显示工模具运动曲线图及模拟动画，预览动画时，动画栏将显示在图形区域的底部，用户可以使用鼠标进行控制，也可以使用键盘快捷键来控制动画。拖动时间线上的控制点以查看每帧动画中工模具的位置。点击 ▶ 按钮，进行动画模拟演示。通过观察动画，可以判断工模具运动设置是否正确合理，点击 X1 按钮，数值越大，动画速度越快。×1 是标准速度，点击 ■ 按钮结束动画，如图 9-27 所示。

图 9-27　工模具运动曲线图及模拟动画

9.2.10　提交 LS-DYNA 进行求解计算

在提交运算前须及时保存已经设置好的文件。然后，在"板料成形"对话框中"任务"选项卡中勾选"减少冲压行程"，此举是为了减少空程运动，从而减少计算量，然后点击"提交任务"按钮开始计算，如图 9-28 所示具体步骤 1—2。等待运算结束后，可在后处理模块中观察整个模拟结果。

DYNAFORM 6.0 软件提供了多种任务提交方式，除了上述直接提交求解器的方式外，用户还可在图 9-28 所示界面中勾选"仅写出输入文件"命令导出 dyn 格式文件，然后在"Job Submitter"程序中直接导入该文件，点击"提交任务"。如图 9-29 所示。

图 9-28　提交求解器运算设置

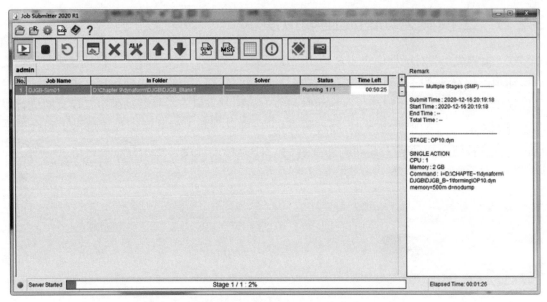

图 9-29 "Job Submitter" 对话框

9.2.11 后处理分析

9.2.11.1 观察成形零件的变形过程

完成计算后,在菜单中选择"打开项目"命令,浏览保存结果文件目录,选择文件类型为"LSDYNA Result File",然后打开文件夹中的"*.Dynaform Index"文件。为了重点观察零件"Blank"的成形状况,在"结果"菜单栏中点击 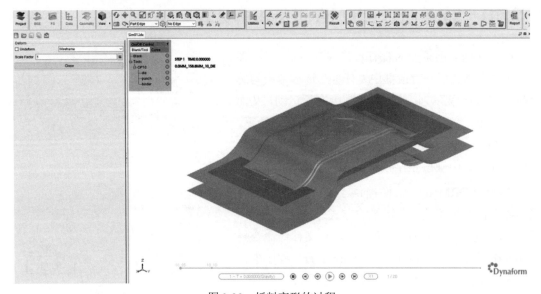"仅板料零件层"按钮,只显示板料。点击 ▶ 按钮,进行动画模拟演示,点击 X1 按钮,数值越大,动画速度越快。×1 是标准速度,点击 ■ 按钮结束动画,如图 9-30 所示。

图 9-30 板料变形的过程

9.2.11.2 观察零件的成形极限图及厚度分布云图

点击如图 9-31 所示各种按钮可观察零件的成形状况，例如点击其中的 "成形极限图"按钮和 ⇤"厚度"按钮，即可分别观察成形过程中零件"Blank"的成形极限及厚度变化情况。如图 9-32 所示为零件"Blank"的成形极限图，图 9-33 所示为零件"Blank"的厚度变化分布云图。点击 ▶ 按钮，可以动画方式演示整个零件的成形过程，也可选择单帧，对成形过程中的某时间步进行观察，根据计算数据分析成形结果是否满足工艺要求。

图 9-31　成形过程控制工具按钮

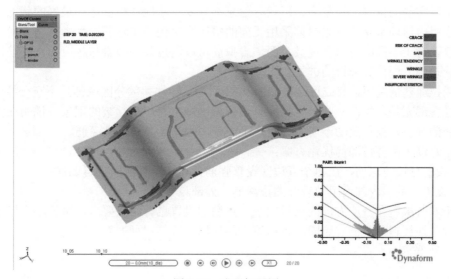

图 9-32　成形极限图

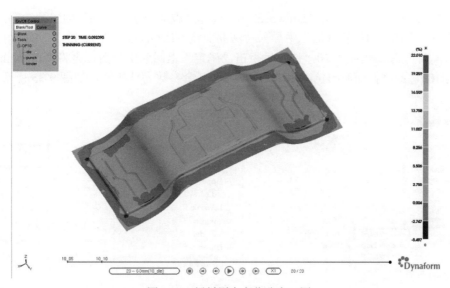

图 9-33　板料厚度变化分布云图

9.3　电机盖板件仿真优化试验及结果分析

本节仿真优化模拟试验，仅提供两种优化方案。方案一：拉深筋优化；方案二：正交试验优化。

9.3.1　电机盖板拉深筋优化

拉深筋是指位于凹模凸缘面与压边圈上的凹、凸配合的特征形状，一般用于控制坯料的流动，从而达到调整零件成形性能的目的。

对于真实的拉深筋，由于凸筋和凹筋的缝隙较小，有锁紧材料流动的作用，故而除了正向的挤压力之外，在圆角处还有摩擦力以及切向挤压力等其他力。采用真实的筋面来分析可以很好地模拟实际冲压中的情况。

但是真实筋的位置、锁紧力、形状等信息都需要不断地调整以达到最好的状态，故而在分析中采用虚拟筋来完成。虚拟筋采用正向的挤压力来代替实际筋的受力状态，受力简单，计算快速。对于不同的材料和模具表面，虚拟筋可以通过某些因素与相应的真实筋达到一一对应的状态，方便仿真分析的进行。

在无拉深筋情况下，其成形结果如图 9-32 所示，零件大部分区域都是不充分拉深，局部区域已经变形充足，如四个圆角区域；直边部分区域也有严重起皱的现象。说明在没有拉深筋设置的情况下，板料流动不均匀、变形不充分，因此需要设置拉深筋。

通常有以下两种拉深筋优化方案：

① 设置分段拉深筋，在四个直边区设置强筋，在转角过渡区设置弱筋；

② 设置重筋，内部设阻力较强的拉深筋，外部设置弱筋。

由于本节板料在宽度方向的余量较小，重筋的设置也有距离要求，余量小会导致外部筋不能全程压住板料，不能起到限制板料流动的作用，故第二种方案不能满足设计要求，本文采用第一种方案。

9.3.1.1　拉深筋设置

如图 9-34 所示，右键点击"Drawbead"，选择"添加一条拉延筋"创建拉深筋，然后点击"选择…"，在"曲线管理器"中导入拉深筋曲线"DJGB_drawbead.igs"，此时拉深筋中心线与凸模圆角底部距离为 20，选中后点击"确定"退回到主界面，再将"strength（%）"数值改为 100，此时拉深筋的拉深阻力为 100%，其余参数为默认值，如图 9-35 所示。

图 9-34　拉深筋设置

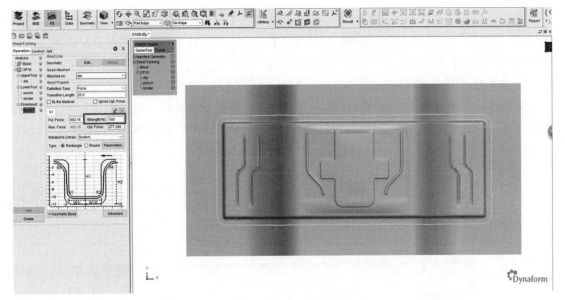

图 9-35　拉深筋设置

9.3.1.2　拉深筋设置效果

如图 9-35 所示，通过逐渐降低拉深筋的阻力系数值分别设置为 100%、70%、50%、30%，观察板料的成形效果，可以看出拉深筋阻力系数对该零件影响不大，因为零件表面形状较浅，成形充分。成形极限图如图 9-36 所示。

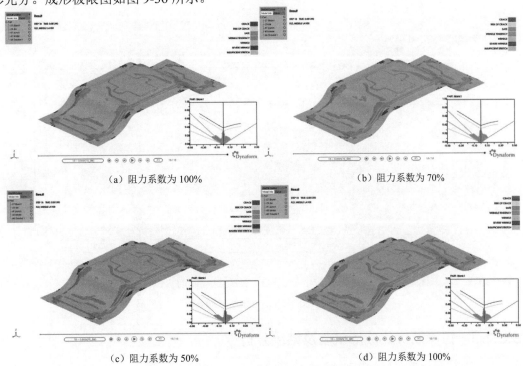

（a）阻力系数为 100%　　　　　　　　　　　　（b）阻力系数为 70%

（c）阻力系数为 50%　　　　　　　　　　　　（d）阻力系数为 100%

图 9-36　各拉深阻力系数下获得的试验成形极限图

由图 9-36 可以看到，拉深筋对零件成形性能影响不大，但是零件要求圆角减薄率需小于 20%。所以对局部阻力系数进行调整，在直边区设置强筋，在转角过渡区和破裂区设置弱筋，具体的操作步骤如下。

在图 9-35 中点击 ✎ 按钮，进入"可变的线段"对话框，如图 9-37 所示，点击"Add"添加拉深筋段，在导入的曲线上设置端点，设置完成后编辑拉深阻力系数，重复上述操作，将各拉深筋段调整到合适的位置及数值大小，最终拉深筋的分布，如图 9-38 所示。

Variable Segments	
Current Point	
X:	597.463
Y:	1183.75
Z:	945.0
Force	
Strength(%):	30.0
Length	
Segment Length:	3394.19
Add　　Delete	OK　　Cancel

图 9-37　拉深筋分段设置

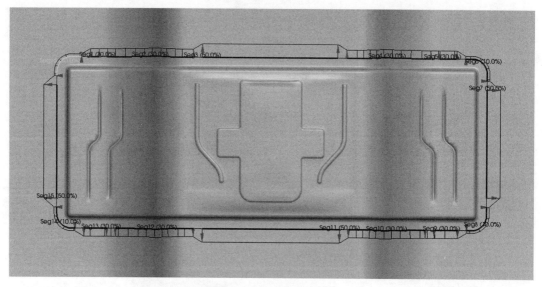

图 9-38　拉深筋分布图

9.3.1.3　拉深筋优化成形试验及结果分析

拉深筋经优化设置后，得到的板料成形试验结果，如图 9-39 所示。由图可以看到，零件的圆角减薄 17.364%。关于拉深筋优化，方法很多，读者可自己找更好的方法，这里仅做简单介绍。

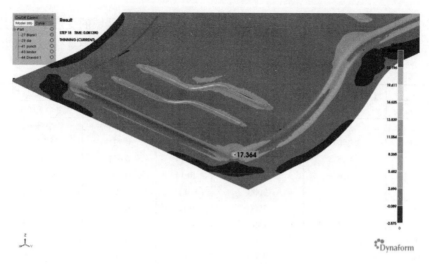

图 9-39　圆角减薄率

9.3.2　正交试验优化

正交试验作为科学、经济、高效率的试验方法，在试验设计中应用非常广泛。它具有试验数据分布均匀、试验次数相对较少并且可以用极差分析方法、回归分析方法等多种分析方法获得科学的研究结论的优点。

正交试验不需要对每个因子与水平的排列组合进行试验分析，只需要对部分试验进行模拟，通过对比试验分析获得最符合指标的最佳数据，所以科学选择试验参数意义重大。科学的试验设计是通过少量试验便能够获得较多并且精确的信息。

压边力、凸凹模间隙、冲压速度和摩擦系数四个工艺参数对汽车覆盖件冲压成形质量有着显著的影响。但是各个工艺参数之间的联系和对汽车覆盖件成形质量的影响往往还和零件的结构有关。本节采用正交试验法中的三水平四因素正交表对电机盖板拉深成形的四个主要工艺参数进行组合试验，对比各试验下板料的拉深成形质量，从而确定最优组合的工艺参数。

试验选取 490kN、540kN 和 590kN 作为两种板料的三个水平压边力数值；板料厚度 t 为 1mm，选取 $1.05t$、$1.1t$ 和 $1.15t$ 的板料厚度即 1.05mm、1.1mm 和 1.15mm 作为凸凹模间隙的三个水平数值；选取 1500mm/s、2000mm/s 和 2500mm/s 作为冲压速度的三个水平数值；选取 0.1、0.125 和 0.14 作为摩擦系数的三个水平数值。

根据以上分析选定的四个试验因素以及每组 3 个因素影响水平，做出试验因素及影响因素水平设计，如表 9-1 所示。

表 9-1　试验因素水平表

因素	压边力/kN	凸凹模间隙/mm	冲压速度/（mm/s）	摩擦系数
1	490	1.05	1500	0.1
2	540	1.1	2000	0.125
3	590	1.15	2500	0.14

本节中正交试验的评价标准设置为电机盖板的最薄厚度、变形不充分区域面积的大小、是否存在破裂的情况，除了这些直观的分析外，还需要进行极差分析，最终确定最优参数组合。

由正交试验表 9-2 可知，试验 1、5、9 中零件出现小部分区域的变形不足，其余试验中零件拉深充分；试验 3、4、8 中零件出现细微的拉裂现象，其余试验中零件成形质量均较好。

表 9-2　正交试验结果

试验	压边力/kN	凸凹模间隙/mm	冲压速度/（mm/s）	摩擦系数	成形质量评价标准		
					最薄厚度/mm	变形不足区面积	是否拉裂
1	490	1.05	1500	0.1	0.724	小部分	否
2	490	1.1	2000	0.125	0.721	极小部分	否
3	490	1.15	2500	0.14	0.691	极小部分	是
4	540	1.1	1500	0.14	0.507	极小部分	是
5	540	1.15	2000	0.1	0.723	小部分	否
6	540	1.05	2500	0.125	0.704	极小部分	否
7	590	1.15	1500	0.125	0.724	极小部分	否
8	590	1.05	2000	0.14	0.657	极小部分	是
9	590	1.1	2500	0.1	0.708	小部分	否
$K1/3$	0.712	0.695	0.652	0.718			
$K2/3$	0.645	0.645	0.700	0.716			
$K3/3$	0.696	0.713	0.701	0.618			
R	0.067	0.068	0.049	0.1			

注：$K1/3$、$K2/3$、$K3/3$ 是各因素 1 到 3 水平的均值，R 为极差。

根据表 9-2，采用电机盖板最薄厚度这一评定标准进行分析，在四个影响因素的模拟结果中可以看出，压边力中因素 1 的均值最高，凸凹模间隙中因素 3 的均值最高，冲压速度中因素 3 的均值最高，摩擦系数中因素 1 的均值最高，选出压边力为 490kN、凸凹模间隙为 1.15mm、冲压速度为 2500mm/s、摩擦系数为 0.1 为最薄厚度最大的工艺参数，但存在局部变形不足现象。综合考虑电机盖板的评价标准，通过对工艺参数的比较分析，确定优化参数为：压边力为 490kN，凸凹模间隙为 1.1mm，冲压速度为 2000mm/s，摩擦系数为 0.125。其优化的成形结果如图 9-40 和图 9-41 所示，可以看出，电机盖板变形充分，没有出现破裂和褶皱区域，整体成形质量较好，最大减薄率为 24%。

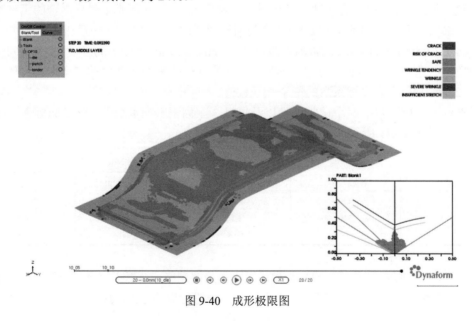

图 9-40　成形极限图

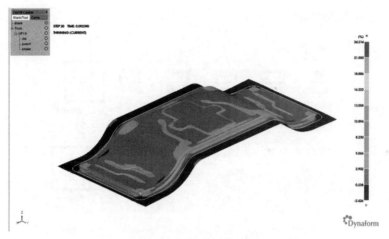

图 9-41　厚度分布云图

9.4　电机盖板件修边仿真试验及结果分析

基于拉深成形的需要，电机盖板的模型中增加了工艺补充面以及压料面，这些部分需要在修边工序中去除，从而得到最终的电机盖板零件形状。

进行修边仿真试验时，首先在 UG 中提取电机盖板的修边线另存为 *.IGES 格式文件，再和板料拉深成形后的 "DYNAIN" 文件一起导入 DYNAFORM 6.0 软件中，通过修边操作得到修边线内部的零件。

9.4.1　电机盖板修边仿真流程

9.4.1.1　新建项目

启动 DYNAFORM 6.0 后，选择菜单栏 "项目" 命令，出现如图 9-42 所示的新建项目界面，按照具体步骤 1—2 操作。在该界面中单击 "新建项目"，系统会自动跳出如图 9-43 所示的项目信息界面，按照具体步骤 1—4 操作。可以为该项目命名 "DJGB_TRIM"，同时修改存储路径。选定 "板料成形"，再点击 "确定" 按钮。系统会进入 "新建板料成形" 界面，如图 9-44 所示。按照图 9-44 所示具体步骤 1—3，依次选择按钮，即可完成项目新建，进入具体的分析界面。

图 9-42　新建项目界面

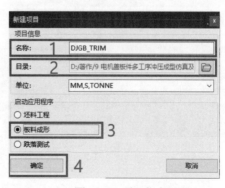

图 9-43　项目信息界面

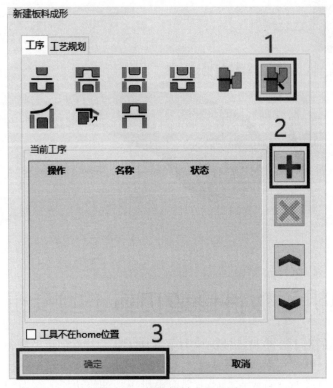

图 9-44　新建板料成形界面

9.4.1.2　导入模型文件

选择菜单栏"几何"命令，按照图片 9-45 所示选择"导入…"，选择拉深成形后的 DYNAIN 文件"OP10_10.Dynaform Index File"和修边线文件"line.igs"，并点击"打开 （O）"完成模型导入，如图9-46所示。

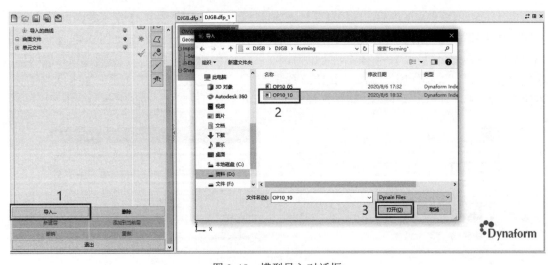

图 9-45　模型导入对话框

金属冲压成形仿真及应用
——基于 DYNAFORM

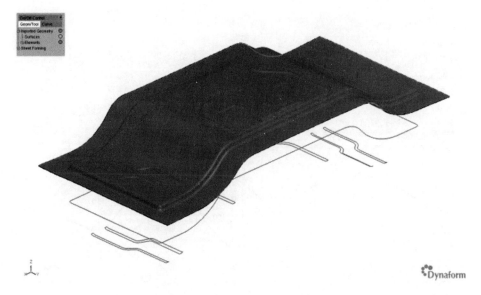

图 9-46　导入模型及线条显示效果

9.4.1.3　定义板料 "Blank"

模型零件导入后，点击 "退出" 按钮，退回到 "板料成形" 对话框界面。根据之前设置，确定相同的材料及厚度。完成 Blank 的定义。流程如图 9-47～图 9-49 所示。

图 9-47　定义 "Blank" 对话框

图 9-48　板料成形对话框

9.4.1.4　定义修边线 "Trim 1"

点击 "Trim 1" 按钮，进入图 9-50 的定义修边线对话框的界面。点击 "添加…" 按钮，进入 "曲线管理器" 对话框，选定导入的修边线文件 "line.igs" 中的外轮廓，然后再新建一组冲孔，选定另外 4 根曲线，如图 9-51 所示。点击 "确定" 按钮，即完成修边线的定义，退回到图 9-52 的主界面。

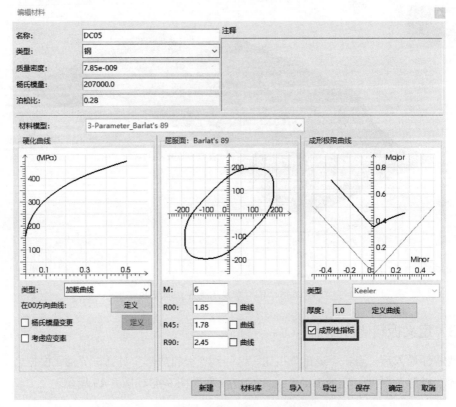

图 9-49 "编辑材料"对话框

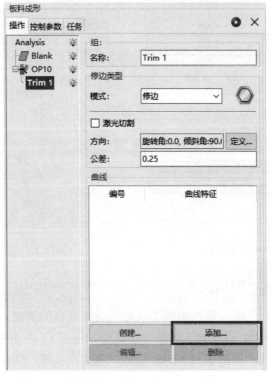

图 9-50 定义修边线对话框

金属冲压成形仿真及应用
——基于DYNAFORM

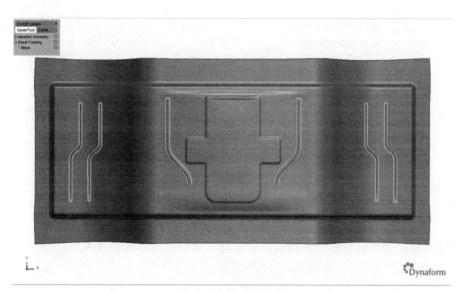

图 9-51 添加修边冲孔线

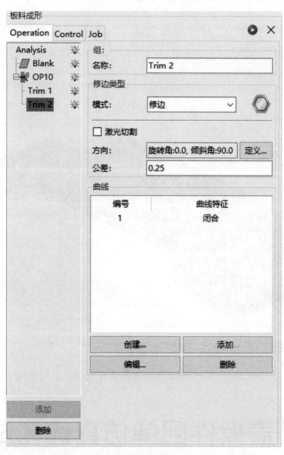

图 9-52 定义两组修边线对话框

在"板料成形"对话框中点击"控制参数"选项卡弹出如图 9-53 所示的对话框，统一积分单元和高斯积分点，修边工步中单元公式选 16 号全积分单元，积分点数目设为 7。

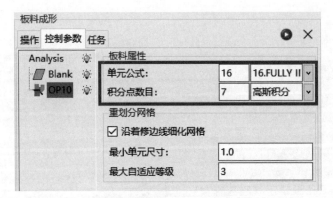

图 9-53　控制参数对话框

在提交运算前须及时保存已经设置好的文件。然后点击"提交任务"按钮开始计算。运算结束后，可在后处理模块中观察整个模拟结果。

9.4.2　电机盖板修边仿真结果分析

完成计算后，在菜单中选择"打开项目"命令，浏览保存结果文件目录，选择文件类型为"LSDYNA Result File"，然后打开文件夹中的"*.Dynaform Index File"文件，观察零件的修边状况。如图 9-54 所示。

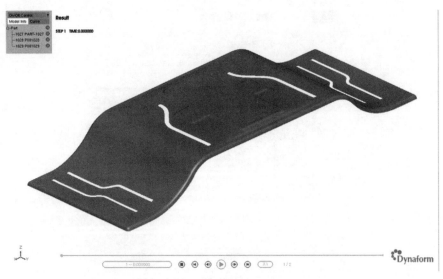

图 9-54　修边后的零件状况

9.5　电机盖板件回弹仿真优化试验及结果分析

回弹是指当板料成形后移开凹凸模及压边圈时，零件由于残余应力的存在而发生弹性变形恢复形状的现象，回弹不可避免且会对零件的最终形状产生重要影响。若回弹量不能被有效控制，将严重影响零件的形状精度及其表面质量，因此回弹仿真是板料成形数值仿真研究的一个相当重要的课题。

首先是参数要点。需要遵循一致性原则，全工序分析都需要选择 16 号全积分单元公式，厚向 7 个积分点，以保证回弹分析中能精确地捕捉应力分布。采用单步回弹，关闭网格粗化来提升回弹精度。

其次是约束点的选取。在回弹分析中，若没有约束，一个很小的载荷就会导致物体无限的刚体运动而不产生应力。所以回弹分析的时候，施加回弹约束的目的在于排除所有的刚体运动。约束在排除刚体运动的同时不会产生任何作用力来阻止部件的自由变形。约束刚体运动，理论上约束一个节点的三个平动、三个转动自由度就可以了，但是在 LS-DYNA 计算的时候，这样约束经常出现问题。所以采用另一个方法来约束刚体位移——适当地约束三个点的平动自由度来约束整个刚体位移。

如果不知道零件的回弹情况，可以考虑采用惯性释放来进行约束。阈值需要参考零件模态来计算，一般情况下可以考虑 0.05 以上的值来进行分析。如遇到计算报错，可尝试增大该值来获得计算结果。如果知道零件的回弹趋势，可以利用节点约束，选取零件回弹最小的区域来进行 3 节点约束。约束时尽量避开边界，避开细分节点，尽量成直角。具体约束可以参考图 9-55。

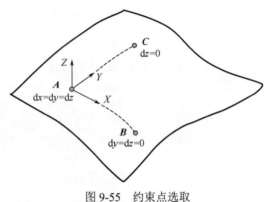

图 9-55　约束点选取

9.5.1　DYNAFORM 软件中常用的回弹分析方法

DYNAFORM 中主要采用 DYNAIN 法。该方法是目前常用的回弹分析方法，它能够有效地解决零件形状剪裁和网格粗化等问题，并且在工程上应用十分广泛，是多工步成形的唯一方法。本节考虑到零件的实际情况，采用 DYNAIN 法进行回弹仿真研究。

9.5.2　电机盖板回弹仿真流程

9.5.2.1　新建模型工程

启动 DYNAFORM 6.0 后，选择菜单栏"项目"命令，出现如图 9-56 所示的新建项目界面，按照具体步骤 1—2 操作。在该界面中单击"新建项目"，系统会自动跳出如图 9-57 所示的项目信息界面，按照具体步骤 1—4 操作。可以为该项目命名"DJGB_Springback"，同时修改存储路径。选定"板料成形"，再点击"确定"按钮。系统会进入"新建板料成形"界面，如图 9-58 所示。按照图中具体步骤 1—3，依次选择按钮，即可完成项目新建，进入具体的分析界面。

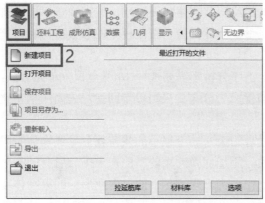

图 9-56　新建项目界面

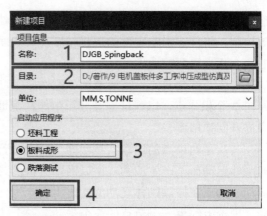

图 9-57　项目信息界面

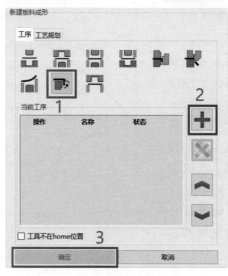

图 9-58　新建板料成形界面

9.5.2.2　导入模型文件

选择菜单栏"几何"命令，依次按照图 9-59 具体步骤 1—3 操作。选择"导入…"，选择修边后的"DYNAIN"文件并点击"打开（O）"完成模型导入，如图 9-60 所示。

图 9-59　模型导入对话框

金属冲压成形仿真及应用
——基于 DYNAFORM

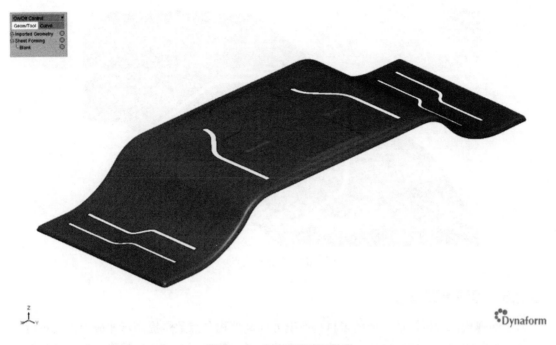

图 9-60   导入模型显示效果

9.5.2.3   定义板料零件"Blank"

模型零件导入后，点击"退出"按钮，退回到"板料成形"界面，点击红色的"Blank"按钮，定义板材、材料以及厚度，定义方式请参考前文。

9.5.2.4   定义约束点

回弹仿真时在零件上必须定义三个约束点用来设定边界条件以限制刚体的位移，约束点必须满足如下几点要求：选在远离零件边缘且变形相对较小的区域，相互之间必须要隔开一定的距离且不能在同一条直线上；如果回弹模拟的零件是对称型的，则一般仅在零件的对称边界上相隔一定的距离选取两个约束点即可，当然也必须要远离零件边缘且位于变形较小的区域；如果是四分之一的对称型，则仅需按照上述原则选定一个约束点。本节中的电机盖板为非对称件，故选择三个点作为约束点。如图 9-61 所示，按照具体步骤 1—2 操作。点击对话框中的"选择点…"按钮，在零件模型上选择三个点，位置如图 9-62 所示。

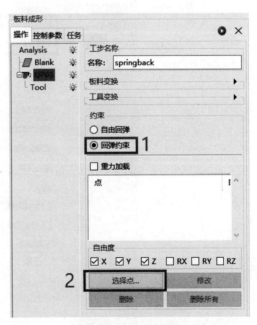

图 9-61   定义约束点

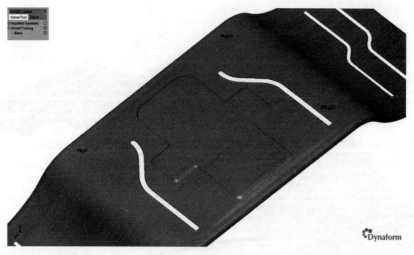

图 9-62　定义约束点

9.5.2.5　回弹参数设置

对于回弹模拟分析，适当地增多材料厚度方向高斯积分点数是提高弯曲应力仿真精度的一个行之有效的方法。研究表明，高斯积分点数越多，弯曲应力仿真越精确，但是当高斯积分点数多于 9 时，该方法提高弯曲应力模拟精度的效果甚微，而 CPU 计算时间则随之显著增加，因此对于壳单元一般选取 7 个高斯积分点较为合适。如图 9-63 所示，统一积分单元和高斯积分点，回弹工步中单元公式选 16 号全积分单元，积分点数目设为 7，其它的回弹分析参数采用默认值，完成设置后提交任务进行回弹仿真分析。

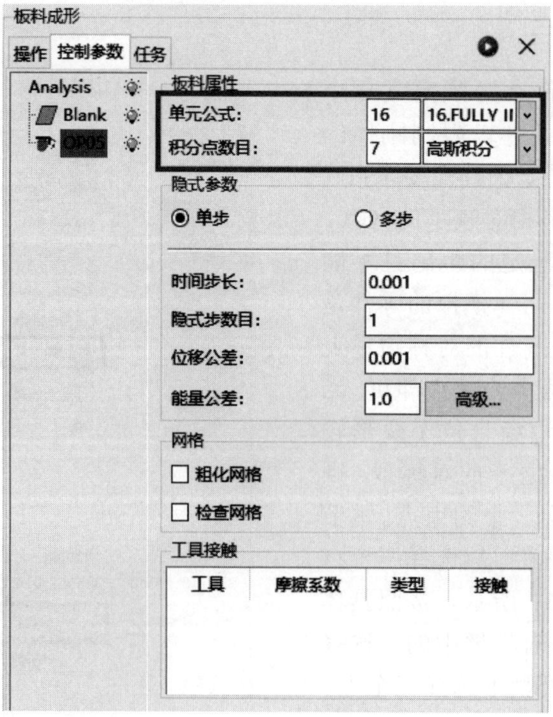

图 9-63　回弹参数设置

9.5.3 电机盖板回弹仿真结果分析

完成计算后，在菜单中选择"打开项目"命令，浏览保存结果文件目录，选择文件类型为"LSDYNA Result File"，然后打开文件夹中的"*.Dynaform Index File"文件。点击 ⌗ "回弹距离"按钮，在跳出的对话框中点击"计算回弹"按钮即可计算回弹位移，如图 9-64 所示。电机盖板红色区域和蓝色区域的回弹量偏大，最大值达到 1mm。

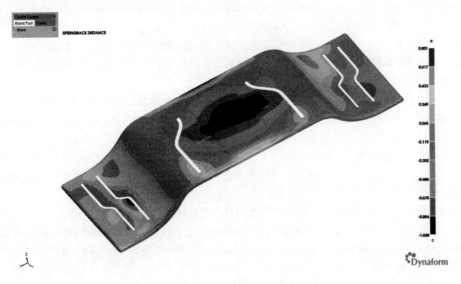

图 9-64　修边后回弹量

参考文献

[1] 龚红英. 板料冲压成形 CAE 实用教程[M]. 北京：化学工业出版社，2010.

[2] 王孝培. 冲压设计资料[M]. 北京：机械工业出版社，2016.

[3] 李云雁，胡传荣. 试验设计与数据处理[M]. 北京：化学工业出版社，2019.

[4] Liu Y，Ying P G，Anna G. Optimization of multi-objective quality of TWBs square box Deep-drawing process parameters[J]. Journal of the Brazilian Society of Mechanical Sciences and Engineering，2019，41：169.

[5] 李伯德. 数学建模方法[M]. 兰州：甘肃教育出版社，2006.

[6] 刘思锋，党耀国，方志耕，等. 灰色系统理论及其应用[M]. 北京：科学出版社，2004.

[7] 周志伟，龚红英，贾星鹏，等. 矩形件拉深成形工艺参数的多目标质量优化[J]. 上海工程技术大学学报，2020，34（3）：290-297.

[8] 齐孟雷. 基于 DYNAFORM 的油底壳拉延模具的数值模拟分析[J]. 兰州工业学院学报，2014（6）：68-71.

[9] 覃天，胡建华，苏广才，等. 基于 Dynaform 的油底壳一次拉深成形探究[J]. 装备制造技术，2012（5）：21-23.

[10] 程明，吴辉，王成勇，等. 汽车油底壳一次拉深成形减薄率控制研究[J]. 模具工业，2017，43（2）：29-32.

[11] 李奇涵，李笑梅，王文广，等. 油底壳充液拉深液室压力的数值模拟分析[J]. 热加工工艺，2016，45（1）：138-144.

[12] 姚军波，杨选民. 智能燃气灶具控制系统的设计[J]. 家电科技，2011（1）：79-80.

[13] Qiu H Y，Huang Y J，Liu Q. The study of engine hood panel forming based on numerical simulation technology[J]. Journal of Materials Processing Technology，2007，187-188：140-144.

[14] 文艺，钟文，柳玉起. 冲压成形过程中拉延工艺参数的优化设计[J]. 塑性工程学报，2013（3）：37-42.

[15] 徐刚，鲁洁，黄才元. 金属板材冲压成形技术与装备的现状与发展[J]. 锻压装备与制造技术，2004（4）：16-22.

[16] 王帅，薛河，崔英浩，等. 冷加工塑性硬化对 304 不锈钢力学参数的影响[J]. 西安科技大学学报，2019，39（4）：681-687.

[17] 郎荣兴，董光明. 不锈钢板料拉深润滑新工艺[J]. 模具工业，2008（01）：34-36.

[18] 许锦识，王征，冯才云. 浅析家用燃气灶具平台化设计[J]. 轻工标准与质量，2019（3）：82-85.

[19] 李颖. 上海家用燃气灶具超三成抽检不合格[J]. 中国质量万里行，2020（2）：19.

[20] 喻忠. 基于 DynaForm 冲压件成形性分析[J]. 汽车实用技术，2018（21）：91-100.

[21] 王列亮，郑燕萍，闫盖，等. 基于正交试验的拉延筋阻力优化[J]. 热加工工艺，2014，43（5）：142-144.

[22] 卿启湘，陈哲吾，刘杰，等. 基于 Kriging 插值和回归响应面法的冲压成形参数的优化及对比分析[J]. 中国机械工程，2013（11）：1147-1152.

[23] 毛华杰，陈荣创，华林，等. 基于 BP-GA 的拼焊板拉深成形工艺优化[J]. 塑性工程学报，2011，22（6）：52-57.

[24] 马文宇，王宝雨，周靖，等. 铝合金热冲压板件多目标优化[J]. 哈尔滨工程学报，2015，36（9）：1246-1251.

[25] Liao Y G. Optimal design of weld pattern in sheet metal assembly based on a genetic algorithm[J]. The International Journal of Advanced Manufacturing Technology，2005，26（9）：512-516.

[26] Li H，Hu Z，Hu W，et al. Forming quality control of an AA5182-O aluminum alloy engine hood inner panel[J]. JOM，2019：1687-1695.

[27] 魏光明. 多工位级进冲压工艺分析及成形全工序数值模拟[D]. 广州：华南理工大学，2012.

[28] 赵峰. 圆筒形件二次拉深成形工艺分析及模具结构设计[J]. 科技创新与应用，2017（34）：63-64.

[29] 周朝辉，曹海桥，吉卫. 厚壁圆筒件成形工艺及有限元模拟[J]. 四川大学学报（工程科学版），2003（5）：63-67.

[30] 李素丽，刘伟. 有凸缘圆筒件拉深工艺研究[J]. 工具技术，2011，45（3）：63-65.

[31] 赵升吨，张志远，林军，等. 圆筒形件拉深工艺的有效压边力研究[J]. 西安交通大学学报，2007（9）：1012-1016.

[32] 龙玲，刘培勇，王青春，等. 多工位级进模冲压工艺优化设计技术研究[J]. 成都航空职业技术学院学报，2016，32（02）：46-48.

[33] 王新明. 凸缘圆筒件成形工艺分析及模具设计[J]. 科技风，2013（20）：110.

[34] 陈义. 汽车门槛内板零件冲压数值模拟及参数优化分析[J]. 智库时代，2018（44）：177-178.

[35] 王孝培，储家佑，何大钧，等. 冲压手册[M]. 北京：机械工业出版社，2012.

[36] GB/T 15574—2016. 钢产品分类[S]. 北京：中国国家标准化管理委员会，2016.

[37] 王瑞. 基于正交试验和人工神经网络的冲压工艺参数优化[D]. 重庆：中国科学院重庆绿色智能技术研究院，2016.

[38] 栾彭翔. 汽车后门外板成形仿真分析及工艺参数优化[D]. 济南：山东大学，2018.

[39] 张昆明. 汽车前翼子板及其冲压模具分析研究[D]. 淮南：安徽理工大学，2019.

[40] 李丽娴. 中型卡车顶盖冲压成形数值模拟分析及其优化[D]. 南昌：南昌大学，2011.

[41] 翁怀鹏，张光胜，张雷. 基于DYNAFORM的轿车后背门冲压成形的仿真模拟[J]. 重庆文理学院学报，2015，34（05）：87-91.

[42] 张晓旭，杜子学. 基于数值模拟和试验设计的拉延工艺参数优化[J]. 锻压技术，2018，43（06）：180-184.

[43] 邓振鹏，周惦武，蒋朋松，等. 基于正交试验的锆合金薄板带材冲压工艺参数优化[J]. 锻压技术，2019，44（09）：12-17.

[44] 陈俊安. 汽车尾灯安装加强件拉延成形工艺参数优化[J]. 锻压技术，2019，44（11）：56-63.

[45] 龚红英. 车用热镀锌钢板拉深成形特性研究[D]. 上海：上海交通大学，2005.

[46] 龚红英，何丹农，张质良. 计算机仿真技术在现代冲压成形过程中的应用[J]，锻压技术，2003（5）：35-38.

[47] 汪锐，郑晓丹，等. 复杂零件多道次拉深成形的计算机数值模拟[J]，塑性工程学报，2001，6：17-19.

[48] 彭颖红，金属塑性成形数值模拟技术[M]. 上海：上海交通大学出版社，1999.

[49] Hill R. A Theory of the Yielding and Plastic Flow of Anisotropic Metals[M]. London：Royal Society，1948.

[50] 钟志华，李光耀，等. 薄板冲压成型过程的计算机数值模拟与应用[M]. 北京：北京理工大学出版社，1998.

[51] 崔令江. 汽车覆盖件冲压成形技术[M]. 北京：机械工业出版社，2003.

[52] 陈炜. 汽车覆盖件拉深模设计关键技术研究[D]. 上海：上海交通大学，2001.

[53] 叶又，彭颖红，等. 板料成形数值模拟软件研究[J]. 塑性工程学报，1997，4（2）：19-23.

[54] 徐金波，董湘怀. 汽车翼子板零件冲压成形过程模拟[J]. 华中科技大学学报，2003，31（9）：93-95.

[55] 杜臣勇，董湘怀. 板料成形模拟的逆算法研究[J]. 金属成形工艺，2003，2：13-15.

[56] 王新华. 汽车冲压技术[M]. 北京：北京理工大学出版社，1999.

[57] 李尧. 金属塑性成形原理[M]. 北京：机械工业出版社，2004.

[58] 俞汉清，陈金德. 金属塑性成形原理[M]. 北京：机械工业出版社，1999.